# 每个人都有幸福的能力

小多传媒 / 编著

慧惠 宣彤 / 改写

上海教育出版社
SHANGHAI EDUCATIONAL
PUBLISHING HOUSE

# 推荐序

## 相伴"少年时" 共谋未来事

2023 年春，我应小多传媒之邀，参加了全程直播的"少年时 100 科学阅读大会"。此次活动以《少年时》出版 100 期为契机，召集多位关心科学教育发展的专家学者，连线全国各地的《少年时》读者家庭，一道探讨家庭教育的智慧和幸福之道，话题涉及阅读与写作、跨学科思维、科学与理性、情感和心理、审美能力等方面内容，丰富而厚重。

如今呈现在大家面前的"未来少年"书系，我想应该就是前述活动的深化与延续了。这是一套由一支高水平团队打造的尤其适合学生课外阅读的图书，堪称提升少年朋友科学和人文综合素养的极佳读本，特别是，对成长于新时代的少年朋友们最有助益。

为什么这么说？

国外有教育界人士尖锐地指出，当下的学校教育和创新需求越来越强的世界之间是完全脱节的。创新的迅猛发展正在迅速淘汰社会结构中稳定的例行职业，蚕食经济体系中的传统工作机会。企业都希望能聘用到凭借创造力去解决实际问题的人，希望这些人能不断找到新方法，为组织增值。因此，这激发了教育工作者的思考：什么才是教育中真正重要的东西？如何为少年朋友们重塑教育，开辟一条更有可能成功的路？

其实，爱因斯坦早在 1936 年所作的一次演讲中，就曾表达过这样的意思。他说："教育的首要目标永远是独立思考和判断的总体能力的培养，而不是获取特定的知识。如果一个人掌握了他的学科的基本原理，并学会了如何独立地思考和工作，那么他肯定会找到属于自己的路。"

另一方面还要看到，我们的教育体系通常都着力于推动学生学习数学、语言、科学和其他"硬技能"的发展，而不太重视人文学科、创作类学科（如音乐、艺术）、元认知技能等所谓"软技能"的培养。针对这一缺憾所提出的 21 世纪技能则包含以下几个方面：学生的批判、探究与创新能力；数字技术的掌握、应用能力；各类文化、社会的适应和实践能力。上述诸方面，"未来少年"书系恰恰都有所涵盖。

事关一个人成长发展的素养，通常可以从多个方面进行考量，最核心的素养，我认为概略说来是两种：科学素养与人文素养。而人的素养的提升，在很大程度上是通过阅读来实现的。这当然不能局限于学校内课程学习中的阅读。

　　成长中不能没有书香，就像生活里不能没有阳光。阅读滋以心灵深层的营养，让生命充盈智慧的能量。

　　相伴"少年时"，共谋未来事！

　　愿"未来少年"书系能够铺展开少年朋友们认识世界的一扇扇窗，也承载一个个梦想起航。愿大家能够感悟创新、创造的奇迹，获得开启心智的收益。在阅读中思考，在思考中进步，在进步中成长！

尹传红

（科普时报社社长、中国科普作家协会副理事长）

# 总　序

亲爱的少年朋友：

你们好呀！先做个自我介绍——我是"未来少年"书系的主编周群，非常荣幸能在这个充满梦想和挑战的时代与你们相遇。

让我们来个小热身，想象一下，如果你能和世界上最聪明的人对话，如果你能随时随地穿越到任何一个科学领域，如果你能掌握一种魔法，让你的学习变得轻松有趣，那该多好！告诉你，这并不是梦，这一切的美好，都在我们这套书系里。

对，就是这套"未来少年"书系！

作为主编，我要郑重其事地向你们介绍这套书系的特点：

第一，这是原作者、编者、编辑们共同为你们精心打造的一份礼物。

它的诞生，源自一个简单而伟大的愿望：为未来的中国培养具有核心竞争力的青少年。因为我们深知，未来的世界将充满挑战和机遇，而你们，正是这个未来的主角。通向未来的路就藏在你们的好奇心和求知欲中。

　　我们从《少年时》的 100 多册辑刊、2000 多万字的原创篇目中，提取主题内容，经过精心整合和重构，为你们带来了第一辑精彩纷呈的五本书。我们根据同学们的阅读能力和认知特点，将这些内容进行了精心的改写和编排。希望通过我们的智慧和努力，将复杂深奥的知识转化为同学们能够理解和接受的语言，让你们在阅读的过程中既能感受到知识的魅力，又能感受到学习的乐趣。

　　第二，这套书系的内容极其丰富。

　　书系内容涉及科学、文学、艺术、历史、地理等多个领域。每一本书都是一个独立的世界，每一个故事都是打开少年读者心灵的一扇窗户。在这里，你们可以与历史上的英雄对话，可以探索宇宙的奥秘，可以理解艺术的魅力，可以体验运动的快乐，可以感受生活的趣味。在这里，你们将遇见来自世界各地的科学家和学者，他们会用最前沿的研究成果，为你们揭示科学的奥秘、文化的精髓。你们会了解到，无论是微观世界的粒子舞蹈，还是宏观宇宙的星辰闪烁，都是我们共同探索的对象。这些知识不再是枯燥无味的课本内容，而是变成了一个个生动的故事，等待着你们去发现、去感受、去思考。

　　每一本书都像是一扇神秘的大门，等待着你们去推开，去发现里面的宝藏——

《我们该怎样学习》将带你发现自主学习的秘密，让你在知识的海洋中遨游，不仅会教你如何学习，更会教你如何享受学习。

《读懂青春期》则是你们的贴心小伙伴，它会帮你理解自己的情感和身体变化，让你在成长的道路上更加自信。

《每个人都有幸福的能力》，将教你如何在日常生活中找到快乐的源泉。它会告诉你，幸福并不是远在天边的梦想，而是近在咫尺的小事。

而《聊聊写作这件事》则是你的创意伙伴，它会激发你的想象力，让你的文字充满魅力。

最后，《谋划你的未来职业》这本书，将带你一起规划未来，让你的梦想不再遥远。它会告诉你，未来的世界充满无限可能，而你，就是那个能够创造可能的人。

相信通过对第一辑五本书内容的介绍，你还能发现这套书系的第三个特点——跨学科性和实用性非常突出。

原作者和编者们不仅关注科学知识的传授，更重视人文素养的培养和能力的提升。我们希望通过这套书，帮助你们在建立起完整的知识体系的同时，拥有独立思考和解决问题的能力，更具备科学精神和人文关怀相结合的思维方式，让你们不仅能更好地理解当下的世界，也能更好地适应未来，成为未来社会的建设者和领导者。

　　为了把这套书打造成真正助力你们人生远航的导航仪和望远镜，我们还为这套书配备了一线名师的微课视频。这些资源将帮助你们更深入地理解书中的内容，更全面地掌握知识，更有效地提升自己的能力。想象一下，就像有一群知识渊博的大朋友，随时准备回答你的每一个"为什么"，陪伴你一起成长。

　　综上所述，作为主编，我更愿意把这套"未来少年"书系称作"桥梁书"——因为它不仅仅是一系列书籍，更是一座连接现实与未来、传统与创新的桥梁。

　　最后，我谨代表所有参与这项编写工作的老师和编辑祝福你们！愿你们在"未来少年"书系的陪伴下，成长为有知识、有能力、有情怀的新时代少年，成为未来社会的栋梁之材。祝愿你们在知识的海洋中自由遨游，在成长的道路上越走越远，在梦想的天空中绽放光芒！

你们的大朋友

"未来少年"书系主编周群

2024 年 3 月 28 日，于北京孚王府

# 导　言

　　亲爱的少年朋友，今天我们一起来聊一聊"幸福"这个话题。

　　幸福，当然是人人都向往、个个都希望拥有的，是我们终其一生的追求！但很多人并不清楚，到底什么是幸福，怎么样才能得到幸福？其实呀，幸福不难，人人都可以实现，就像我们学会写字或者学会交朋友一样。是不是一下子觉得没有那么难了？

　　学做一件事情，我们一般先从概念入手。其实，关于"幸福是什么"这个问题，我问过几位你们的同龄人。一位12岁的女生告诉我，"幸福是想看多久的漫画就看多久的漫画"；一位14岁的男生说，"幸福是踢完球和小伙伴们一起喝冰镇可乐，想起来都要快乐得冒泡"；一位8岁的女生说，"幸福是粉色的棉花糖，想起来就甜甜的"；还有一位16岁的大哥哥告诉我，"幸福是一种感觉，你觉得自己幸福就幸福"。

　　从大家的回答不难看出，你们都可以从日常的生活中去感知幸福，这一步起点很重要，大家都做得很好。

　　第二个问题，你们是怎么理解幸福的呢？这个问题有一点抽象，没关系，我们来试试看，一起分享此刻你心中对于幸福的见解吧。

幸福是_____

_____让我感觉很幸福。

我认为做_____，可以让自己更幸福。

好啦，我很高兴你们对幸福已经有了一些自己的思考，我们可以记住今天的思考，等读完这本书，我们再看看，我们对幸福这个朋友是否有更多的了解，我们是否学会了让自己更幸福。

最后，我们一起来看一看这本关于"幸福"的小书讲了哪些你不知道的关于幸福的秘密：

一、幸福到底是什么，是生物反应还是主观评价？
或是一个哲学命题，还是一个心理假设？

二、是什么在影响我们的幸福感知？幸福是一项技能还是一种习惯？

三、如何更加幸福？怎样是更有意义的人生？温馨的家庭或是充实的工作？

我们还有很多有意思的测评、发人深省的故事、幸福的小锦囊等待大家一起去发现。

让我们一起翻开书看一看吧。

# 目 录

## 01
### CHAPTER ONE

认知篇 | 你好，幸福

## 02
### CHAPTER TWO

演练篇 | 我的"幸福"我做主

# 03

## CHAPTER THREE

### 超越篇 | 从幸福到更幸福

# 01
## CHAPTER ONE

# 认知篇

## 你好，幸福

少年朋友，你一定想过，幸福到底是什么？幸福可以比较吗？我一定比他（她）更幸福吗？当我觉得幸福时是真的幸福还是我的感觉？你肯定有很多关于幸福的小疑惑，对吗？

　　让我们一起来一个幸福的初认识吧。

# 是什么决定了幸福

追寻幸福是人类永久的命题。不仅你和我，在探索幸福的道路上，生物学家、社会学家、哲学家和心理学家也有极大的好奇心呢。现在，让我们跟随他们一起走近幸福，揭开幸福神秘的面纱吧。

## 生物学家：幸福是大脑奏响的 "交响乐"

一直以来，关于幸福的思考一直是作家和诗人擅长的领域。不过，近几十年来，神经系统生物科学家在研究抑郁症、躁郁症这些人类痛苦的情感产生机制时，他们运用了大脑造影技术破译了幸福或痛苦产生的过程。

他们意外地发现，大脑神经系统在调节愉悦、舒适、快乐这些情绪反应时，发挥了巨大的作用。大脑中虽然没有一块专门的区域掌管幸福，不过，在外侧下丘脑、大脑边缘叶、杏仁核、伏隔核、海马体这些参与情感管理的区域，情感通过神经递质在神经元之间来回传递，让我们感受到幸福、快乐、悲伤或者痛苦。神经递质类似于快递员，通过神经元之间相互传递，从而影响心率、睡眠、食欲、情绪。

这些快递员中有四个神奇的快递员，它们分别是多巴胺、血清素、内啡肽和催产素，在我们是否感知幸福这件事情上，它们发挥了巨大的作用。

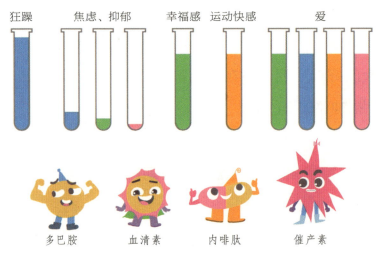

人体内多巴胺、血清素、内啡肽、催产素的含量高低，制约着包括狂躁、焦虑、抑郁、幸福感、运动快感、爱等心理体验

### 🛵 多巴胺快递员

当我们特别想去做某件事的时候，我们的大脑会分泌出大量的多巴胺。多巴胺可以提升驱动力和注意力，

促使你继续追寻欲望，并在此过程中给你带来快乐与满足。日常生活中，当发生了一些好事——通常都是出乎意料的事，中枢神经系统会接受这种"好事"的刺激，并向大脑发出信号以激活多巴胺。所以当你在足球比赛中进球得分或吃到美食时，你的多巴胺都会激增，并且促使你在未来想重复这一动作。但是如果你感到失望，比如在生日聚会上，一直期待的好朋友没能来，或者你们玩得不愉快，多巴胺就会降低。多巴胺下降在主观体验中令人不快，这会刺激我们渴望找到那些帮助恢复多巴胺的事情。

　　这里需要注意的是：很多成瘾的行为如吸烟、喝酒等都会增加多巴胺的分泌，使上瘾者感到开心及兴奋。因此，我们需要时刻提醒自己，坏的上瘾行为，千万不能沾染。

### 🚚 血清素快递员

血清素有助于振奋心情，防止情绪低落或忧郁。比如当你的意见被他人接受或者感觉事情在自己的掌控范围内时，你的大脑便会释放出血清素，虽然血清素不生产快感，但它控制了能不能感受到快乐的那个闸门。

血清素会影响胃口、内驱力以及情绪。有时候我们形容一个人"寝食难安"，从生理角度说，就是由于体内血清素含量比较低。提高血清素含量有助于增进食欲、改善睡眠、振奋心情，防止情绪低落。

### 🚚 内啡肽快递员

内啡肽是一种补偿机制，可以帮你隐藏身体的痛苦，让你坚持完成某个任务。如果你经常锻炼或跑步，不断挑战超越自我极限，咬牙坚持再多做 10 个动作，

多跑 100 米后得到的快乐，就是内啡肽带来的。

长时间、连续性的、中量或者重量级的运动或深呼吸都是分泌内啡肽的条件。自律后的愉悦感就是内啡肽的产物。

### 催产素快递员

催产素又称"爱的激素"，可以抑制负面情绪，降低防御和恐惧的感受。凡是能够增强爱、归属感和信任感的人际互动行为，比如拥抱、对话、陪伴或者饲养宠物等，都会促使大脑分泌催产素，让我们感到快乐。

当我们感到快乐、愉悦和幸福时，这四位快递员也正在辛勤地工作呢。同时，每当我们感到一件事情给我们带来了满足和快乐的时候，大脑关于幸福的链接就建立起来了，如果不断重复这件事情，幸福感的链接也会不断增强。

## 社会学家：幸福是人们对生活的主观评价

社会学是系统地研究社会行为与人类群体的科学，与我们的日常生活紧密相关。社会学家发现自然科学可以通过工具、实验得出一定的数据，从而比较研究对象的不同，他们就想有没有测量幸福的类似"温度计"的工具呢？不同的人用温度计测出不同的值，从而看出谁比谁更幸福，谁比谁对生活更加满意。

他们在研究中发现，如果将幸福等同于健康体检报告，或者拥有财富的数量，这个温度计是非常容易做的，但是不是只有健康的人才配拥有幸福？我们周围那些身残志坚的励志偶像就完全不幸福吗？或者是不是只有有钱人才配拥有幸福？孔子称赞颜回"一箪食，一瓢饮，在陋巷，人不堪其忧，回也不改其乐"，这难道不是幸福吗？

社会学家在漫长的研究过程中发现，社会学意义的幸福是个体对于生活的一种主观评价，只是这个评价并不是恒定不变的。不过，人与人之间不一样，一个人在不同的时期也会不一样。听起来有一点不太好理解，不过，我们稍作思虑就会明白，没有谁的人生是一条直线，际遇有起有伏，可能昨天艰难困窘，今天体验高峰，明天愉快平静。在不同的境遇中，人与人之间的主观体验差异很大。为了探究人与人之间的差异或者人在不同时候的差异，研究者会采用同一套题目，测试不同的研究对象，请他们报告自己的幸福值。

少年朋友，我不知道你有没有接受过关于幸福的测试，比如问问你自己，对于近两周的生活，你是非常满意、满意、不太满意还是完全不满意。然后在测试的最后，会告诉你非常满意是 5 分，满意是 4 分，不太满意是 3 分，完全不满意是 2 分，等等。最后，让你把得分相加，通过一个分值算出你的幸福值。这些题目就类似社会学意义上的"温度计"了。

## 哲学家：幸福是对生命的理解和体验

对于哲学家来说，幸福也是很难定义的。

孔子认为，仁者乐山，智者乐水，幸福在于内省的平和；亚里士多德认为，幸福是不断修行良好品德的一种生活方式；伊壁鸠鲁认为，平衡和节制是创造幸福的根源，不知足的人不会幸福；叔本华指出，幸福不是在外部环境中寻找，而是从内在体验中创造；康德指出，幸福不是目的，而是追求目的的方式；卢梭指出，幸福是

自由的结果，自由是追求幸福的起点；尼采认为，幸福是通过挑战困难和克服障碍获得的，只有这样才能实现真正的自我价值。

哲学家们关于幸福的探索还有很多，我们还可以通过阅读一些资料一起找一找。哲学家们对于幸福都有自己的理解和探索，不过有一点是相似的，都指向了精神层面的追求，这给我们提供了一个角度，幸福可以超越物质、社会和心理层面的满足，达到更高的精神追求的境界。

今天，人们往往追求功利和快速的结果，但在哲学家看来，真正的幸福是需要经过深入思考和不断实践才能达到的，需要认识到自己的内在需求，发现自己真正感兴趣的事情，并将这些需求和兴趣与实际行动相结合，才能实现自我，才能获得幸福。

## 心理学家：幸福是一种持续的满足感

近些年来，从心理学角度研究幸福的专家学者有很多，其中有一个分支就是专门研究人类如何更乐观、更幸福的积极心理学。大家听到积极心理学，是不是有些好奇？为什么会有积极心理学呢？难道还有消极心理学？

我们可以这么简单地理解它们的差异：

消极心理学，研究的是当人们的心理出现了创伤后，如何找到治疗和缓解的方法，强调的是修补，针对的对象是少数有心理问题的人。

积极心理学研究的是普通人的心理的力量，前提是人们能够进行自我管理、自我建设。它一反以往的悲观人性观，转而重视人性的积极方面，认为心理学的目的并不仅仅在于解决人的心理或行为上的问题，而是帮助人们培养良好的心理品质，建立良好的行为模式。

在积极心理学研究者的眼里，积极人格、自我决定、自尊、自我组织、自我定向、适应、智慧、成熟的防御、创造性和才能都会影响我们的幸福感受。

其中有一位非常有名的学者是美国心理学家，著名的临床咨询与治疗专家，积极心理学的创始人之一的马丁·塞利格曼。他认为一个人想要获得真正的幸福，需要五个要素：积极情绪、专注投入、良好的人际关系、明白自己人生的意义、有所成就。这五个要素具体的含义和怎样相互影响，我们还会在这本小书后面的章节中具体探讨。

这里我们需要注意的是，从心理学的角度，特别是从积极心理学的角度，幸福的最终走向都是人们通过不断地努力和付出，从而获得的一种相对持续的满足。

# 幸福大通关

1. **查一查**：我们还可以去做哪些事情释放多巴胺、血清素、内啡肽和催产素呢？记下你的研究成果吧。

2. **做一做**：如果让你做一个关于家人幸福的"温度计"，你准备出哪些题目呢？

3. **想一想**：你同意哪位哲学家关于幸福的观点？为什么呢？

4. **问一问**：什么时候你自己最满意自己？为什么呢？

# 幸福、快乐对对碰

　　少年朋友，通过上一章节的阅读，我们对幸福有了一个初步的了解。不知道细心的你有没有注意到，在上一个章节中，有一些地方我们用的是幸福，而另外一些地方我们用的是开心或者快乐，这是为什么呢？幸福与开心或者快乐到底有什么区别呢？这一章节，我们不妨走得再深入一点，比较一下幸福与快乐这对好朋友的异同。通过比较，或许我们能对幸福的理解更深一层。

## 快乐是收获，幸福是付出

春天在和煦的春风中享用美味的野餐；夏天和小伙伴们痛痛快快地戏水；秋天去郊外看期待已久的红叶纷飞；冬天在温暖的房间和家人一起游戏，这些想起来都特别快乐，对不对？

快乐，简单来说，就是心情舒畅，一种拥有了渴望的东西或者得到了某些好的结果后，由内而外感受到的非常舒服的感觉。随着物质生活的丰富，满足我们野餐、戏水等需求的快乐越来越容易，这是不是意味着幸福感越来越强？答案肯定不是。今天心理上需要帮助的青少年人数越来越多，原因是什么呢？

这是因为快乐和幸福是不同的，快乐是通过获得物质或精神的满足而产生的，而幸福往往是通过付出、帮助别人而获得。

北京邮电大学的赵玉平老师曾讲过一个故事：一个年轻人没吃早餐，肚子饿得正难受呢，来到一个包子铺要了四个大包子。热腾腾的包子端上来后，香味扑鼻，这时他趁热吃了，感到非常满足、非常快乐，但是过了一会儿，可能还没走多远，这种快乐就消失了。

换一个场景，当年轻人正准备吃包子时，碰到门口两个穿得破破烂烂的小孩，可能也好长时间没吃东西了，正盯着他的包子问："叔叔，能给我吃个包子吗？"虽然年轻人也正饿着，但是看着两个小家伙的样子不忍心拒绝，就把四个包子都给两个小孩了，这两个小孩狼吞虎咽地吃完包子，眼里露出满足的笑容，年轻人也笑了。以后每当他想起这个场景，他都会感到幸福。

这个故事很简单，却讲明白了一个道理，幸福强调的是付出的满足。这种付出可以是雪中送炭的几个包子，可以是

朋友生日时精心画的画，也可以是在妈妈生病时给妈妈做的美味早餐，还可以是很多事情……这些事情不会因为事情的结束而消失，而是想起来就会觉得心里暖暖的。

少年朋友，你也试着做一件对别人有价值的事情，然后记录下自己的体会吧！

## 快乐是当下的，幸福是长久的

刚才我们讲过，相比较快乐而言，幸福是一个人自我价值得到满足而产生的喜悦感，是我们希望一直保持的心理情绪。这意味着幸福和快乐的持久状态存在差异。

快乐是一种短暂的情绪状态。这是为什么呢？科学家们发现，在游泳的时候，刚开始会觉得水特别凉，但是过一会儿就不觉得凉了；从明亮的室外走到室内，会觉得房间特别暗，但是待一会儿之后你就什么都能看清了，这个过程叫作"适应"。

第一次吃美味的食物，会觉得很快乐，到了第三次、第四次，快乐的感觉就会逐渐降低，到最后随着频率的增加，会对此习以为常、毫无感觉。

而幸福不一样，幸福更像一种生活态度，是一种长期的情绪状态。当我们认为这个人是一个幸福的人，这个人在大多数时候肯定是快乐的；但是当我们说这个人是一个快乐的人时，却不能说这个人是幸福的。

不过持久性幸福有一个前提，就是人要有足够的能力去面对生活中的各种意外变故。有效的医疗服务，良好的社会保障机制，不遭受流行病、气候变化或政治动荡的威胁，都是长久幸福的必要条件。在现代社会，我们对外界环境的控

制能力逐渐加强，在某种程度上，幸福成为可以组织、管理、创造，甚至是可以衡量的东西，这就是很多人所说的"幸福安康"。

查一查：为了人们的幸福安康，政府做了哪些事情？查一查资料或者问一问爸爸妈妈吧。

## 有不健康的快乐，却没有不健康的幸福

是不是很奇怪，快乐还有不健康的？当然有。

趁着妈妈出差，把平常特别想吃的垃圾食品都吃一遍，很快乐对不对，但是对身体不健康。

很多青少年因为无聊，以欺负别人为乐，这种快乐是建立在别人的痛苦上的，这就是校园欺凌事件，是不健康的快乐。

更甚者，有人染上抽烟、酗酒等容易上瘾的不良行为。他们在做这些事情的时候自己一时的感受是快乐的，但却容易形成很糟糕的依赖，对身体和精神状态都是巨大的伤害。

但是我们没有听说过不健康的幸福。幸福是一种有节制的、平衡的快乐。

　　所以，当我们的快乐妨碍和影响，甚至伤害到他人的时候，我们也不可能走向幸福。

　　少年朋友，想一想还有哪些快乐是不健康的？为什么？

# 揭秘幸福的公式和本源

我们都学过数学，在数学里面有很多的公式。公式的作用是通过一般的现象来总结规律，然后再用规律去预见未来。那么关于幸福，我们可以总结出什么样的规律呢？科学家经过几十年的研究，将幸福感的来源归结为三个方面，

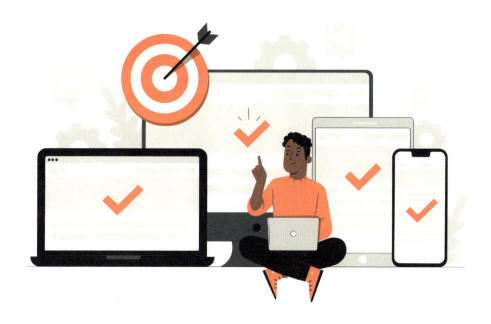

分别是基因、人们生活中的重要事件及可掌控的外部因素。用公式表示的话，幸福 = 48% 的基因影响 +40% 的重大事件 +12% 的可控外部因素。还有其他积极心理学家给出这样的幸福公式：幸福＝愉悦＋参与＋意义。马丁·塞利格曼在《真实的幸福》一书中给我们介绍了著名的幸福公式。我们一起来看看幸福到底由哪些因素决定，幸福的人又有哪些比较优势吧。

$$H = S + C + V$$

H 表示幸福的持久度，S 表示你的幸福的范围，C 表示你的生活环境，V 表示你自己可以控制的因素。

这个公式里最抽象的是幸福的范围，实际上塞利格曼想表达的是遗传会影响幸福的感知。

遗传对于幸福感知的影响，很多的心理学家都做过研究。经过几十年的研究，科学家们发现幸福感的来源与基因相关。

明尼苏达大学的研究团队花费 30 年时间追踪了 4000 对分隔两地、由不同家庭抚养长大的双胞胎。拥有相同遗传物质的双胞胎堪称社会学家的梦想研究对象，他们可以就此对比先天和后天培育带来的影响。令明尼苏达大学心理学教授戴维·莱肯惊讶的是，在不同家庭中长大、拥有不同人生境遇的双胞胎，30 年后他们的行为模式和对幸福的体验依然很相似。他还得出了这样的结论，一个人的生活满意度约 48%继承自父母，也就是说几乎一半的幸福感存在于基因之中。

如果说幸福和遗传的关系如此密切，是不是我们就可以从此"躺平"，任由基因来决定我们的幸福值呢？当然不是了，因为我们还有另外的幸福值是由周围的环境和你自己来控制的。这就意味着我们其实对自己的人生有很强的控制能力。换句话说，不去努力争取幸福的人，即便他们有很好的遗传基因，可能也没有基因不如他们但努力争取的人幸福。

"如何改变可控制的影响幸福的因素而使自己获得幸福"这个问题也是我们这本书讨论的重点。后面的章节，我们也

会围绕这一问题展开。在此之前，我们先看一看哪些环境会影响人们的幸福。

20 世纪中叶，幸福的研究刚刚开始的时候，人们往往倾向于认为有钱、已婚的人会更幸福，后来发现结果并不完全如此。

2002 年诺贝尔经济学奖获得者、美国普林斯顿大学心理学教授丹尼尔·卡尼曼和 2015 年诺贝尔经济学奖获得者安格斯·迪顿一直致力于财富和幸福关系的研究。通过对 45 万份调查的搜集分析，两位学者得出了一个引发争议的结论：金钱可以提升日常幸福感，但仅限于一定数额的金钱。

当获得基本的生活保障后，财富的增加并不能带来幸福感的增加。当收入高到了一定的程度之后，金钱所带来的幸福感却在到达顶峰后逐渐降低到原来的水平。

塞利格曼很敏锐地指出，你对金钱的看法实际上比金钱本身更影响你的幸福。

塞利格曼还强调，所有的环境，包括气候、身体、物质等加起来，对人的幸福的影响只有 8% 至 15%，而且外部的环

境有些可能改变，有些则不太好改变。

所以，通过幸福公式，我们明确知道了我们真正能改变的就只有剩下的那个"V"，也就是自己有控制权的这部分因素。这里面又有哪些因素可以促使我们做出实质性的改变，从而获得更持久的幸福呢？在本书第二、第三章节我们再慢慢探讨。

💡 **想一想**：塞利格曼的幸福公式你同意吗？为什么？你有其他的公式吗？

## 幸福的积极优势

塞利格曼在《真实的幸福》一书中介绍了一位时任密歇根大学副教授的芭芭拉·弗雷德里克森关于幸福在进化过程中的积极优势，幸福能够扩展人们的智力的、身体的、社会的资源，增加我们在威胁或机会来临时可动用的储备。

当我们感到幸福的时候，别人会比较喜欢我们，我们在友谊、爱情和合作上更容易成功。与我们在烦恼、忧虑时相反，幸福的感觉扩展了我们的心智视野，增加了我们的包容性和创造力。在我们心情好的时候，我们会比平常更能接受新的想法和经验。

具体来说，幸福的人具有以下四个显而易见的优势：

### No.1　幸福让人更聪明

积极的情绪可以让人们从不同的角度进行思考，而消极的情绪则会激发一种挑剔的思维方式，让我们集中注意力去挑毛病。

塞利格曼指出，在正常情况下，有幸福感的人会根据他们过去的且被证明有效的积极经验来判断事情，而没有幸福感的人通常对事情抱有怀疑的态度。拥有积极的思维方式可以更具创造性和包容性，能更多地看到优点。

塞利格曼在有关积极心理学的文章中给出了增加幸福感的方法。有一些练习能够让人们变得更幸福。比如让人们记录快乐的事情，挑战消极思想，分析自己是否需要这些负面思想，多发现自己的长处并细数生活中的美好事物，等等。

### No.2　幸福让人更健康

塞利格曼在其书中指出，像幸福感这样高能量的情绪会使人好动，而好动可以增强肌肉的强度，以及提高心脏血管的适应性，从而建构身体的资源。

他向读者介绍了一个目前规模最大的关于积极情绪预测健康状态和是否长寿之间关系的研究。研究发现，有幸福感的人和没有幸福感的人相比，死亡率减少一半，残障率也减少一半。积极情绪还会使人不易衰老，让人拥有比较好的健康习惯，比较低的血压，比较强健的免疫系统。

### No.3　幸福让人有更多的朋友

这一点很好理解，很多心理学家都告诉我们，当孩子还很幼小的时候，如果能够在母亲的亲密陪伴中，建立起一种安全型依恋，那么在他长大后，他会在各方面都表现较好，也更容易具备独立、探索、热忱等品质。

哈佛大学有一个长达 75 年的研究揭示了社会关系和幸福的秘密。多年的研究得出了令人深思的结果，其中一个影

响受访者的健康幸福的重要因素是他们与朋友尤其是配偶的关系。瓦尔丁格博士表示："75 年来，我们的研究一再表明，最能与家人、朋友和社区保持良好关系的那些人，过得最好。"

塞利格曼自己也做了 20 年研究，发现最快乐的人和他们的朋友都在"好的人际关系"上给他们最高分。幸福的人比不幸福的人拥有更多朋友，更可能结婚，更喜欢参与群体活动。

当我们幸福时，我们会更喜欢别人，也愿意与陌生人分享我们的幸福。

### No.4 "心流"——幸福的本源

出生于匈牙利的积极心理学家米哈里·契克森米哈赖一直在思考，究竟是什么让人们觉得生活是幸福的？最终，他选择通过心理学来寻求幸福的本源。

在他的研究中，他提出了"心流"这个概念。他认为人们从事能够给他们带来愉悦感的工作时，往往会产生"心流"。

"心流"描述的是一种心理状态。当体验"心流"时，这个人正在专注地从事着具有挑战性的工作，其他任何事情似乎都不重要。这种体验是如此令人愉快，使得人们不惜付出极高代价。

"从事活动"和"忘我"是"心流"最重要的两大要素。契克森米哈赖还归纳了关于"心流"的8个特点和标准：

1. 当"心流"产生时，人们正投入到从事的工作中；

2. 注意力高度集中；

3. 有明确的目标；

4. 接受及时反馈信息；

5. 无忧无虑；

6. 对环境和动作有控制感；

7. 暂停了自我意识；

8. 暂时失去了时间感。

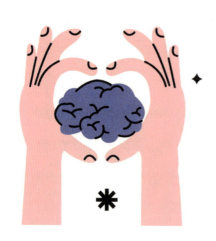

对于"心流"给人带来的积极影响，契克森米哈赖认为"心流"不但可以平息自我，还可以避免一些影响人们幸福感的因素，这些因素包括：人们的习惯、将他人作为比较的尺度来进行自我评价，以及不切实际的期望。更重要的是，

"心流"可以使人坚定地完成工作。

很显然，对于幸福公式，科学家们并没有得出一致的答案。不过幸福公式所引发的思考却能启发研究者去展开更多关于幸福的研究，同时，幸福公式也为追求幸福的我们提供了有趣的视角，正所谓"幸福天注定，但幸福也靠努力"。

那么，什么样的人更容易进入"心流"的状态中呢？研究表明，"心流"体验的能力因人而异。那些拥有"自发性人格"的人往往会有更多的"心流"。

他们倾向于实现自身目标，而不是追逐一些遥远的外部目标，他们往往对生活具有强烈的兴趣、拥有坚持不懈的品格。

# 来，听这个幸福的故事

通过前面的介绍，你是不是对幸福有了一个初步的了解，对幸福和快乐的区别有了一些简单的认识，还了解了幸福的公式和本源？这一章节，我们一起来听一个关于幸福的故事。希望通过这个故事，我们对于幸福的理解能够更透彻，对人生的理解能够更深入。

### 故事的开篇

这个故事的主角不是一位，而是三位。我们暂时先卖个关子，把这三位叫作 A、B、C 吧。我们一起来看看他们的介绍。

A 君，我们常说的普通人，从小到大没有什么特别的经历，学业平平，长大后成为一名冶金工人，工资不高，勉强度日。后来他结了婚，生了孩子，最常做的事情就是躺在沙发上一边看着足球比赛一边喝着啤酒，日子就这样一天一天地过去。

B 君，他出生于一个普通的家庭，从小生活在外来移民众多的街区，住的是社会补助房，类似于我们的公租房。为了减轻父母的负担，他放学后经常去打小零工，后来做送货司机的活儿，做一天和尚撞一天钟。

C 君，他跟前两位都不一样，从小就运气特别好。每当村里有娱乐抽奖活动，他总是满载而归。高中毕业会考的时候，他抽到的题目正好是他唯一准备好的题目……他的好运不断，19 岁时他花 2 欧元买了一张彩票，一下子赢了 500 万欧元，成为此种彩票中奖史上最年轻的大奖赢家！他不需要工作了，他赢的钱赚来的利息已经相当于一份丰厚的工资了，他买了一辆漂亮的汽车，还建了一幢自己的房子……

你猜猜，这三位哪一位更幸福？

如果沿着很多人的思路，一定是 C 君，对不对？因为 C 君拥有了一笔巨大的财富，他似乎拥有一切能够获得幸福的东西。他的物质条件的确令人羡慕，他甚至在进入成年之前就可以得到所有他想要的东西。而对于很多普通人而言，他所拥有的需要劳作一生才能获得，他过上了许多人梦想的生活。

不过，他一定是那个最幸福的人吗？收入较低的时候，我们都倾向于认为有了钱，一定能比现在更幸福，实际上的情况是这样的吗？

## 故事的插曲

像我们听过的所有故事一样，必须得有些插曲，才能让故事更加曲折，更加吸引人。A、B、C 君的故事当然没有那么简单。我们一起看看故事的发展和更详细的信息。

先看看 B 君隐藏的信息。

首先，他长相很英俊！这个优势对他的发展很有帮助，更重要的是他还颇有音乐、艺术天赋，他在青少年期结束的时候开始意识到自己的这些优势，并开始在所住的街区唱歌。

故事到这里，大家也许开始对 B 君的命运感兴趣了吧？有很多十几岁的孩子都梦想着成为人人羡慕的明星，出现在电视、电影屏幕上或者网站、短视频上，吸引成千上万的粉丝、被众人崇拜……

这样的身份是不是确实让人心动，让人感到自己很重要，甚至感觉自己比一般人更闪耀呢？这时，优越感油然而生。这就好像在学校里我们获得老师的表扬，成为家长的骄傲，受到同学的喜爱一样，我们感到自己成了一个重要的人物……

事实也是如此，B 君在 20 世纪 60 年代成为国际巨星，他的唱片在全球销售量达到 10 亿，还出演了 33 部电影，举办了 1156 场音乐会。因为巨大的影响力，他被视为 20 世纪最重要的文化标志性人物之一……

大多数人将自己平凡

的生活与他们的生活相比，会感到自己一无所有，物质匮乏，生活有点空虚，也没有任何可圈可点的东西能留在人类历史上，幸福感会不会受影响呢？

先不要着急回答，看完全篇，我们再来想想我们的答案。

我们还没有谈到 A 君呢，他的早期生活似乎就没有什么可讲的。这位先生成为头条新闻的概率几乎为零，他没有什么天赋优势，没有运气，也没有什么特别的前途。不仅如此，命运还把他推向痛苦的极限。他的遭遇就算放在电影里，我们也会觉得"编剧"太过分了！

他的故事是这样的，在他 26 岁的时候，有一天他正在屋顶上工作时，不慎碰到 2 万伏电压的电线，心脏停止跳动。当他受到第二次电击时苏醒了过来。如果故事停在这里，结局还算不错，但事实并不这么简单！他被送到医院的时候处于严重灼伤状态，在疼痛中接受了多次手术，累计长达 100 个小时！

这个痛苦的经历让他经常感到生不如死，恨不得当初没被救活！他患上了抑郁症，甚至一度想到轻生。不过，他最终还是活了下来，但更糟糕的情况也接踵而至：医生不得不给他做截肢手术，不是截一个，也不是两个，而是全部四肢！

雪上加霜的是，他的妻子无法承受这么多厄运，离他而去。可怜的 A 君，身体严重残障、没有工作、没有妻子、孤独一人，既丧失了生活能力，也没有了生活目标，有的只是绝对的孤独和不幸。

这样的人生，如果可以选择，我们都相信，没有人会选择 A 君，对不对？A 君的命运会这么一直悲惨下去吗？留个悬念，我们看看后面的结果。

别忘了我们还有天生好运的 C 君，我们来看看他的人生故事。C 君把他赢得的数百万欧元存入了银行，只要他不是管理太糟，这一辈子都不会有经济上的担忧，也不需要工作。

但事实上，许多彩票的大赢家并没有过上我们认为的梦想生活，他们经常受到各种骚扰：朋友借钱、亲人索取以及各类人游说他们投资，而且有钱后他们还得特别注意安全，经常被迫搬到没有人认识他们的地方，与亲人朋友分离。

这些大赢家在过了初期的兴奋阶段后，往往需要重新安排他们的生活，特别是找到自己想做的事，这往往对他们来说并非易事。

很多人会经常想，等我们有了时间和金钱后，就可以去旅行、装修房子、换车或者休息一下，但这之后呢？对于那些没有经过努力就一日暴富的人来说，生活的意义在哪里？有些中了大奖的人因为投资不善，甚至最后落得一无所有！

不过，我们的 C 君可是个头脑冷静的人，他选择去实现他从小的梦想：成为一名消防员！通过帮助他人完成自我实现，不是用他的钱，而是用他自身具备的虔诚、职业素养和能力。他在他所拯救的人的眼中获得满足，这一切让他感到幸福。

那么他获得了这种幸福吗？结果后面再来分晓。

## 故事的高潮

所有的故事都有一个高潮。让我们首先来看看一直非常关心的 A 君怎么样了。

时间在流逝，A 君当然再也找不回他的四肢。他对自己说：他已经处于人生的最低点了，连简单的日常生活都变得无比的艰难，这真是一个倒霉到极点的人，唯一乐观的是他似乎并未完全丧失信心。

当他躺在医院的病床上遐想时，一个看似疯狂的计划开始在他的脑中慢慢发酵：横渡英吉利海峡！这个目标让他又有了生活的希望。

没有人手里有万能的魔杖！所以 A 君实现这个目标的过程需要漫长的数年时间：他要重新开始学习用假肢走路，重新学习开车，学习在没有人帮助的情况下自己吃东西等。他的决心得到了一个团队的支持，帮助他使用一系列高科技设备学习游泳，当然，他的坚持与勇敢帮他又赢得了爱情。

他每周坚持游泳 35 个小时，经过数周的准备，终于实现了横渡英吉利海峡的梦想。这之后，他又以游泳的方式将五大洲贯穿起来，成了世界各地残疾人的希望之光。2017 年，他还作为赛车手参加了巴黎—达喀尔汽车拉力赛……

他还发现，在他早年的平凡小日子之外，还有另一个广阔的领域可以探索，他成了一名体育顾问、健康栏目作家。除了残障人的题材，他还为很多单位做关于"自我超越"的讲座，介绍关于如何进行团队管理，如何获得成功的经验。除了把讲座课程写成书，他还做成数字视频进行传播。

现在的 A 君是幸福的，他意识到在事故发生之前，虽然他没有感到特别不幸福，但是也没有感到特别幸福。生活中没有什么是简单的，但同时一切都是可能的！

A 君的经历激励着许多年轻人去超越自我、实现自我。它也向我们传达了这样一个事实：无论在命运中会遭遇什么，你的未来并没有被禁锢在任何一个地方，它只掌握在你自己的手中，哪怕我们失去了双手！

**生活还在继续，结果可能比我们想象的都要好！**

我们再来看看 B 君的故事。1977 年，年仅 42 岁的 B 君去世了，他的心脏已经被大量的酒精和药物损坏，要当巨星可不容易。他的一生曾经很幸福，但也很不幸，没有

人能够清楚地计算出他生命中的幸福时光所占的比例。他给我们留下了大量的作品，这些作品为人们带来很多的快乐。

故事总是千回百转，人人都羡慕的 B 君却是最早离开大家的。而我们故事中的 A 君和 C 君仍幸福地活着。你或许有一天会在世界某个海域或者某条公路上碰到 A 君，或许会在某本书里读到他的故事；你或许也有机会碰到 C 君正在跟消防队的同事们一起进行消防作业。A 君和 C 君现在的生活看起来是幸福的，但他们的生活还远远没有结束呢。

## 故事的结尾

也许 A 君和 C 君的人生还有很多故事发生，但是作为一个故事，我们总会来到尾声。在快要落下帷幕时，我们该介绍一下故事的主人公了。

A 君：菲利普·克罗松，2010 年成为世界上首位横渡英吉利海峡的无四肢残障人士，他在 2013 年以游泳的方式实现了 100 天连接五大洲的壮举，不久之后，他又创下了无四肢残疾人深度潜水纪录（33 米），2016 年他还参加了巴黎—达喀尔汽车拉力赛并获得第 15 名!

B 君：埃尔维斯·普雷斯利，美国歌手、音乐家和电影演员，20 世纪最负盛名与最具影响力的音乐家之一，被视为 20 世纪最重要的文化标志性人物之一。中文昵称"猫王"。

在西方，他也常被称为"摇滚乐之王"。"猫王"是史上唱片专辑最畅销的个人音乐艺术家，据估计他的唱片专辑在全球的总销量逾6亿张。

C君：纪尧姆，2013年赢得了500万欧元的大奖，成为该彩票中奖历史上最年轻的赢家，目前在法国中部担任消防员。

# 幸福大通关

1. **问一问**：问爸爸妈妈，金钱和幸福之间是什么样的关系。听一听爸爸妈妈怎么说，再告诉他们你的想法。

2. **想一想**：名气能给人带来幸福吗？为什么？

3. **查一查**：翻翻资料，查查悲惨的遭遇带来的就一定是不幸吗？有没有别的可能性？

4. **说一说**：少年朋友，如果你是 A 君、B 君或者 C 君，你会选择怎样度过你的一生？

02

CHAPTER TWO

演练篇

我的"幸福"我做主

幸福不再是一个陌生的或者抽象的概念，而是和我们生活密切相关的朋友。只要我们愿意，我们每一天都可以和幸福手拉手，肩并肩。

这一章，希望我们一起和幸福聊聊天，让我们告诉幸福：我们自己的幸福，我们自己做主。

在我们掌握幸福的技能和习惯之前，我们先来测一测自己的幸福指数，对自己当下的状态有一个更全面的了解。

# 测测你的幸福指数

通过之前的阅读，我们知道，幸福是可以测量的。科学家们对于青少年的幸福指数的研究，从 20 世纪 40 年代就开始了，最开始关注的是社会政策、家庭生活等对青少年的影响，自从 1998 年时任美国心理学会会长的马丁·塞利格曼将积极心理学作为心理学的一个新的领域提出来后，人们也逐渐开始关注积极心理对幸福的影响，开始从心理健康视角对青少年的幸福感进行研究，包括研究青少年的归属感、安全感、成长、兴趣、能力、创造快乐、成功和赞赏，这些积极的情绪体验对青少年的幸福感产生的直接影响。

同时，满足青少年尊重和关怀的内心需求，提升自我价值，能表现才能和强项，保持一种创造性的、积极的、平衡的社会生活等因素都会影响青少年的幸福指数。

今天，我们试试用马斯洛的需求层次理论来测一测我们的幸福指数吧。不知道读者朋友们是否了解马斯洛需求层次

理论。这个需求层次理论是理解基本需求和动机如何相关联的关键理论基础，可以帮助我们更好地理解人类的行为。说得更具体一点，它能帮助我们作为个体获得自我实现的幸福。

马斯洛的需求层次理论可以用金字塔的形式来展现，最底层是基本需求，最顶层则是自我实现的需求。金字塔的五个层次分别是：生理需求、安全需求、爱和归属的需求、尊重的需求和自我实现的需求。他认为，在达到自我实现的需求之前，必须按等级顺序来实现前面四种需求。因此，我们首先要满足生理需求，然后满足安全需求，接着满足爱和归属的需求、尊重的需求，最后才能满足自我实现的需求。

马斯洛认为，自我实现是人之所以为人的主要动机："人可以成为他想成为的那个人"，最大限度地发挥我们的潜力、才能。在马斯洛看来，当一个人满足了自己的生理、安全、爱和归属感以及尊重的需求后，便能够开始追求自我实现。心理学家们早就发现，能够自我实现的人，也更加幸福。

那什么样的人更容易自我实现呢？马斯洛描述了自我实现者的 15 个人格特征，包括：

1. 准确和充分地认识现实，并能够与现实融洽地相处；

2. 深切地理解人性的脆弱，具备高度的宽容；

3. 质朴、坦率、自然，不落俗套，不受世俗习惯所累；

4. 以问题为中心，而不是以自我为中心；

5. 有强烈的独立和独处的需要；

6. 不受制于环境、权威，能依靠自己的潜能和内部资源，自主行动；

7. 能从其他人看来较平淡、重复出现的事物中，不断发现新奇和令人惊喜不已的东西；

8. 频频产生"高峰体验"（一种发自心灵深处的战栗、欣快、满足、超然的情绪体验）；

9. 对人类怀有一种很深的认同、同情和爱；

10. 与其他个体之间有着更强烈的爱和更深厚的友谊；

11. 具有民主风范，能与任何性格的人相投，

平等相处;

　　12. 有强烈的道德感，明辨是非、善恶;

　　13. 具有富于哲理的、善意的幽默感;

　　14. 具有很高的创造力;

　　15. 能在一定的文化环境中保持自己的独立性。

　　亲爱的少年朋友，你可以对照上面的 15 个问题给自己打分，如果非常符合自己的情况，打 2 分;比较符合的打 1 分;不符合的打 0 分，看看你给自己可以打多少分。

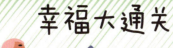

1. **记一记**：记下你的分值，过一段时间，我们可以再做一次，看看分值的变化。

2. **想一想**：看一看我们哪些地方比较满意，哪些地方不太满意，想一想我们怎样可以更幸福。

# 来一场 24 小时的幸福冒险吧

通过前文，我们大致了解了自己在哪些地方可以更幸福，这非常好，有助于我们更好地了解自己的情况，让我们在追求幸福路上的目标更加明确。有个小提醒，我们需要分辨哪些是没有办法改变的客观原因，比如说我们不能去改变出生地、家庭成员；哪些是我们的观念、看问题的角度、情绪感知等主观原因。

这些是可以通过日常生活来改变的哦。你相信吗？是不是有点怀疑？没关系，我们一起来一场制造幸福的 24 小时大冒险，看一看这样做了以后，我们的幸福感会不会更高，好吗？

### 1. 6:30 起床，给自己一个微笑吧。

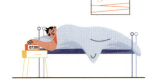

嘿，迎接新的一天了，在心里给自己鼓掌吧。伸伸懒腰，拉开窗帘，看看窗外初升的太阳或者纷飞的细雨，给自己一个微笑，昨天的开心或者不开心都留给昨天。

花 3 分钟给自己找件适宜又喜欢的衣服或者试一试换双干净的袜子，对改变心情或许会有些帮助。

### 2. 7:00 吃早餐，和家人聊一聊今天的计划。

和家人一起吃顿热乎乎的早餐吧，听他们讲讲今天的计划，如果愿意，你也可以和他们讲讲你今天的计划。

给爸爸妈妈盛碗稀饭或热杯牛奶，或者帮爸爸妈妈摆上碗筷也不错。

### 3. 7:30 去上学的路上，给爸爸妈妈介绍一下你的朋友。

向爸爸妈妈介绍你的一个朋友，想出他（她）的五个优点，描述给爸爸妈妈听一听，让他们对你的朋友有更进一步的了解。

赶路的同时，留意路边新的风景：一朵野花的盛开或者路边正在买早餐的人们。感受一下热气腾腾的生命力吧。

**4. 8:00 上课了，提前准备好所有的学习用品。**

聚精会神地听老师讲课，把注意力放在当下吧。让我们的头脑、耳朵、眼睛都试着跟随老师，把老师写的、讲的，特别是着重强调的内容都牢牢记在心里吧。

该举手发言的时候，不要吝啬和同学分享观点哦，有时候我们以为的毫不起眼的观点，没准是大家解决问题的一把钥匙。

**5. 9:30 下课，和小伙伴们聊聊天吧。**

下课了，多补充点水分，和小伙伴们聊聊天，把今天遇到的好玩的事情或者课上觉得有趣的点都和小伙伴们分享一下吧。

下课也是补充水分的好时候，每天喝够水，身体会更舒服。如果是我，会习惯在温水里加片柠檬，你也可以试试。

### 6. 11:30 午饭时间，好好享用午餐。

认真学习这么久了，该给自己补充点能量了，一顿营养丰富的午餐必不可少。利用这难得的休憩时刻，好好享受你的食物吧。

学校的饭菜选择没有那么多，有些饭菜可能我们不爱吃，那怎么办呢？自己想想办法吧，吃一口喜欢的，再吃一口不喜欢的，或者先吃完不喜欢的，剩下的都是喜欢的。

### 7. 13:00 放空自己，准备下午的课程吧。

独处 10 分钟，什么也不想，给大脑一点点休息的时间，静静感受一下身体，揉一揉眼睛，摸一摸耳朵，对它们说一句辛苦啦。

如果头脑里还有很多的 "嗡嗡"，在纸上随便乱画几笔也是不错的办法呢，把烦心的事情、开心的事情用笔画下来，有没有觉得放空一点了？试一试吧。

## 8. 16:30 动一动，放松一下身体吧。

这是很多学校下午放学的时间。在教室里坐了一天，身体也感觉到疲惫了，在操场上跑一跑，到公园里走一走，和同学们打打球，让身体出出汗，会有特别放松的感觉。

有的青少年朋友会觉得自己跑步不是最快，打球不是最好，没有关系，你总有自己喜欢的运动，哪怕就是迎着风走一走，让大自然抹平心中小小的褶皱，也是特别好的啊。

## 9. 18:00 晚餐，给家人多一些赞美吧。

美好的一天慢慢落下帷幕，一家人都该好好地坐下来用喜欢的方式犒劳一下彼此，也许是你给爸爸妈妈准备的一杯茶，也许是爸爸妈妈给你准备的一份美味的可乐鸡翅。

饭后，和爸爸妈妈一起散步10分钟吧，哪怕什么也不说，牵着爸爸妈妈的手，让他们感受到你对他们的爱，好吗？

## 10. 20:30 写完作业，再做点自己喜欢的事情吧。

认认真真完成作业吧，把玩具、零食暂时先放到不容易拿到的位置，书桌上就留下做作业需要的物品。一边做作业，一边想一想老师讲的是不是都听懂了，还有什么内容需要查漏补缺吗？

做完了作业，想想看今天还有什么特别想做的事情，给自己半个小时的时间，看看漫画书或者下几盘棋，听听音乐，放松一下吧。

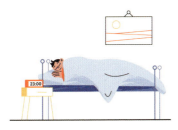

## 11. 21:30 入睡，做个好梦吧。

忙忙碌碌了一整天，也该躺下来好好休息了，为精彩的明天储备更多的精力。

洗个热水澡，换上干净的睡衣，关掉电子设备，这些对于我们的睡眠都很有帮助。

　　美好的一天就这么结束了，是不是有点意犹未尽呢？虽然有些地方和自己以前的做法不太一样，但是这样才是冒险，才会有乐趣，对不对？那么，现在你可以告诉我了，这一天有没有对自己更满意呢？如果有些青少年朋友的日常作息时间和上面的不一样，没关系，我们可以根据自己的喜好与习惯做一些调整，以适应自己的生活节奏。

1. **想一想：**还有哪些是独属于你的幸福小窍门呢，记下来吧。

2. **做一做：**按照自己的日常作息，做一张自己的幸福冒险表格吧。

# 原来幸福是一种习惯

我们通过了一场幸福的冒险，对提高幸福体验已经有了一点体会，不过要寻找伴随一生的幸福，我们到底应该依靠什么样的力量呢？有的同学说，靠自律；有的同学说，靠思维；有的同学说，靠智慧。

那正确的答案是什么呢？先来看看美国杜克大学的社会

心理学家温迪·伍德通过观察人们的这些日常行为发现的一组数据，人们的活动包含了 40%—45% 的"重复性行为"。也就是说，人们有 40%—45% 的行为是一种意识模糊甚至是无意识的"习惯"，而不是深思熟虑之后的行动。

这就意味着一个人大部分的日常生活不是由他们清醒的意图和慎重的选择决定的，而是我们在线索或提示下对周围的世界做出的本能反应，这个就是习惯。比如每天早晨起床后洗漱，睡觉之前洗漱，已经变成了大家的一种本能反应。

## 习惯的力量

习惯构成了我们的日常生活，影响我们的大脑决策，也在塑造我们的性格、品格和意志力，不管是乐观开朗还是郁郁寡欢，不管是成功还是失败，这些都跟你的习惯密切相关。

我们可以拥有好习惯，也可以染上坏习惯；我们可以保持习惯，也可以改变习惯。好习惯是一生幸福的关键因素，坏习惯则有可能让你陷入危机。

那么，你意识到习惯的力量了吗？只有发现并尝试去改进习惯的模式，不被习惯控制和操纵，我们才能称得上是人生的驾驭者。

那么，具体的行为是如何变成习惯的呢？虽然现在还没

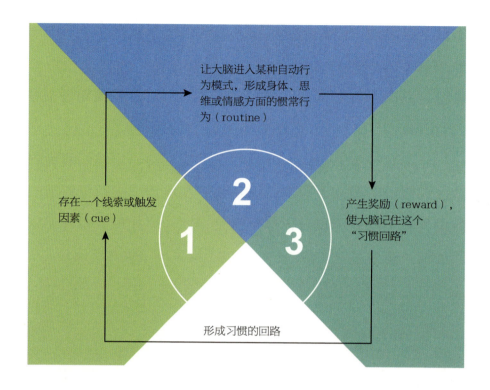

有一套完整的习惯机制理论，但是科学家们普遍认为，习惯形成于一系列的行为在相似的场景中的重复实施，重复会不断协调程序记忆中的控制系统，这部分记忆系统帮助大脑以最低程度的意识控制熟练的行为。当场景和反应总是先后出现时，就有可能在两者间建立联系。

美国普利策奖获得者查尔斯·都希格在《习惯的力量》一书中，将习惯的产生过程描述为三个过程：第一步，存在一个线索或触发因素，让大脑进入某种自动行为模式，并展开行为；第二步，形成惯常行为，也就是我们认为的习惯本身，可以是关于身体、思维或情感方面的；第三步，奖励，大脑会分辨出今后是否应该记住这个"习惯回路"。

随着时间的推移，这个由暗示、惯常行为和奖励组成的回路变得越来越自动化，就这样，一个习惯诞生了。

习惯的好处是什么呢？最大的好处是让大脑更省事。

大脑一直在找更省力的方式，而习惯的这种自动反应能让大脑得到休息，不用去想早上起来应该干什么，晚上睡觉之前应该干什么，而是可以让大脑去参加更重要的活动，比如对过去的回忆和对未来的规划，以减轻人们的压力。所以形成一个好的习惯会让我们更轻松哦。

下一节，我们来看看如何形成好的习惯。

### 养成好的习惯

柯西奥·安格洛夫是亚马逊排名第一的畅销作家，著有

《高效邮件简单系统》。同时，他也是"高效生活方式"的发起人。他发现，所有高效人士都有一个共同点——成功的习惯。不过，你或许会好奇："该如何建立成功的习惯，并坚持下去呢？"安格洛夫决定用同一个问题去询问世界上顶尖的42位习惯养成专家。这些专家分享了自己排名前 12 位的养成好习惯的策略。这些策略是：

### No.1　从小事做起，将它分解成更小的事

如果你从小事做起，以渐进式的小改变来实现养成新习惯的目标，那么当你想打退堂鼓时，这种改变就不太会吓到你，你也更有可能会坚持下去。

将习惯分解成小事，小到你不可能完成不了它。每天做

20 个俯卧撑可能很难，不过每天做 1 个俯卧撑却比较容易。它又称为"迷你习惯"，就好比吃一头大象很难，不过一次吃一口并不难！

再来举个例子，如果你的目标是每天花 60 分钟学英语是比较难坚持的，那么把 60 分钟分成 4 个 15 分钟的区间，然后将它们分散在一天内完成，却比较容易。

### No.2 持之以恒，不要打破连贯性

别让一个糟糕的决定毁了一切——你有一次没有坚持，没有关系，并不意味着第二次你也会错过。如果你打破了一次习惯，不用担心，下次继续就行。这周错过了一次锻炼没关系，但是你千万不要让它增加到两次甚至三次。

### No.3 制订计划，提前准备

如果可能的话，让习惯成为你的日常行动。确定每天所执行的习惯，这样效果会更好。因为它能让你摆脱记忆的麻烦，不用费心去记什么时候该干什么，这样一来你的进程会更快。确认实行新行为会遇到的障碍，并写下你克服这些障碍的计划。

### No.4 向一位负责的伙伴求助

把你的新习惯告诉你的朋友，并请他们帮忙看看你的习惯进行得如何。这将会形成一定的责任机制，你会更清楚地意识到自己正在坚持一些新的东西。你要找的这位负责的伙伴，应该是一个没有偏见且会提供鼓励和支持的朋友。

### No.5　奖励自己

将新行为和某种奖励联系在一起。比如说，一旦"我完成了我的两个任务"或"每天第一个小时起就按照我的任务清单来执行"，我就要吃一块蛋糕或者给自己买一个玩具。但请注意，奖励要适当，不要太过头！

### No.6　将你渴望实现的习惯写下来

确保你的宣言是积极的（肯定的），然后把它放在你的桌子旁边。你看见它的次数越多，它就越会成为你的一部分。

### No.7　追踪你的进程

将成功率记录在类似日志的东西上，坚持每天记日志。当尝试建立新习惯时，确保在自己的日志条目中提到它，直到它成为你每天的例行事。

### No.8　熟悉你想建立的习惯

明确新习惯的细节——仅仅说你想每天写一篇读书笔记或者一周减掉一千克体重是不够的。你必须要问一个更深入的问题：为什么这个习惯对你很重要？把每一个答案写下来，然后重复问自己这个问题，直到你找不出任何新的答案为止。

明确你目标背后的动机，以及你想在生活中建立这些习惯的原因。

### No.9　只建立重要的习惯

如果人们找不到一个重要的、发自肺腑的内在动机来支持他建立新习惯，那他就不想去做这件事情。对于大部分人来说，一个不错的出发点能让新习惯和人们的价值观相结合。

通过这种方式，人们能充分理解为什么他们想要建立这一新习惯。如果你想要培养新的工作习惯，那么你就要理解支撑这个目标的真正驱动力是什么。比如，一旦我建立这个学习习惯，我的成绩将得到提高。

### No.10　确保你的习惯是可行的

要避免"碰壁"，也就是让这个新习惯开始得越简单越好。一旦开始发展新习惯，你可以添加一些新内容，以实现最终的"大目标"为目的来培养习惯。尽量不要引入那些会

让你的生活天翻地覆的重大改变。

问问你自己，如果你在自己的生活中形成了一个系统的新习惯，你会有什么感受？你会不会觉得更有干劲？你会不会感觉自己能更好地应对生活学习中的压力？

### No.11　利用备忘录

把备忘录贴在你出门的镜柜旁边、书桌旁边或者所有你能想到的地方。我们在忙碌时容易分心，因此备忘录是必需的。别依赖记忆。把你的 3 项决议贴在 3 个地方，每天读 3 遍。

### NO.12　将最终目标具体化

不断地去感受这一新习惯将会给你的生活带来怎样的变化吧！不妨微笑地想象自己过着全新而健康的生活。确保有一个有意义的、接近实时的反馈来支持你的习惯。习惯带来的益处越多，你就越需要及时而积极的反馈来帮助你实现目标。

## 幸福小锦囊

关于幸福的习惯，我这里还有一些小锦囊要分享：

### No.1　真心实意地感激身边的人

把感激培养成一种习惯，对我们的身体和心情都有特别大的好处。有科学研究证明，当我们感激时，我们的副交感神经系统功能增强，使我们变得平静，从而加强免疫系统，更少生病。

表达感激时，我们感觉很好，对方也会感觉很好，双方都获益良多，创造了一个螺旋上升的双赢局面。培养感激的习惯，需要我们去留心那些以往视而不见的事物，发现其中细微的爱和美，比如妈妈今天的饭菜装盘特别美，爸爸今天精心准备了一瓶温水，把这些事情悄悄记在心里，每天记下5件，久而久之，感激就变得轻而易举。

### No.2 给消极的情绪设置一个闹钟

人人都可能因为身边发生的事情而不愉快，哭泣、内疚、委屈、声嘶力竭，有的时候甚至身体都会发生反应，呕吐、抽搐，这些是人痛苦时正常的反应，不要排斥，不要害怕，告诉自己这些都是正常的，抱一抱自己，必要的时候还要向周围的人寻求帮助。

但有一点我们需要格外注意，这些情绪不能在心里太久，适当时候，我们需要给自己设置一个闹钟，比如5天或者10天，到了第10天，我要开始慢慢对自己笑一笑，走出门去，吃点好吃的，找几个好朋友一起坐一坐，从大自然或者友谊、亲情中获得力量，迈开步子，朝前走吧。

这个说起来容易，做起来会有点难，有的时候不妨把你的闹钟时间告诉爸爸妈妈或者你的好朋友，他们会来握着你的手从一扇门跨到另一扇门。

### No.3 做一个乐观主义者

我们都知道快乐能使人年轻，使人长寿，不过一个纯粹的乐观主义者倒并不太常见，有一部分原因是今天我们获得的信息过于庞杂，而且这里面有很多都是负面的新闻，它们通过电视、手机、网页、杂志等媒介源源不断地影响青少年。

为了吸引眼球，这些媒体会夸大负面的影响，从而影响我们的感知，让我们的内心充斥着恐惧和孤独。这需要我们摆脱这些媒体的影响，特别是电脑和手机。

想一想，我们有多久没有开怀大笑了，今天，对，就是今天，笑一下吧，把自己大笑的样子或微笑的样子都画下来，这才是最美的你。

### No.4 帮助他人

帮助他人将是你生命中最有意义的经验。不要怀疑人生的价值，你要了解，许多人看起来似乎很不快乐甚至充满了敌意，实际上只是因为他们戴了一副假的面具。他们认为，这些面具足以保护他们。

当你帮助了他们，他们产生的感谢之心和欣赏的反应也许会让你感到十分惊讶。当你有所付出，而不求回报、不计得失时，你将感到十分欣慰和幸福。

# 有压力不可怕，来了解这些解压大法

　　蝴蝶经历蜕变，会从卵进化成幼虫，再到蛹，最后成为成虫。一个人的成长也需要经历翻天覆地的转变，从婴儿到儿童、青少年，再到成人，每一步都无比艰辛。特别是从儿童到青少年，我们的认知、身体、情感、社交等方面都会发生巨大的变化，我们面临的压力也是前所未有的。这一章节，特别想和少年朋友们分享，我们的压力来自哪里，压力会怎样作用于我们的身体，我们又该如何来面对这些压力。

## 压力的来源

### 第一，学校。

青少年产生压力最普遍的原因是想在学业上有更好的表现。今天的青少年花费很多的时间学习，每晚学到 10 点甚至 12 点的情况并不少见。家长总是期望自己的孩子能取得好成绩——名列前茅、获取高分，并考入重点大学，老师们也希望学生能够每天都有新的进步，为校争光。

孩子们要面临无休止的考试、堆积如山的作业和各种各样的分数排名，这些压力如果能鼓舞和帮助青少年的话，将会是一件好事，但更多的时候，它们只会转化为长期的压力，并对健康产生负面影响，特别是产生了很多的心理健康问题，这就需要我们特别关注。

### 第二，身体变化。

青少年正处在青春期阶段，会经历许多生理变化，身体也随之发生很大的变化。随着这些变化的发生，青少年的身

体疲惫感和情感压力都有所增加。

　　一些青少年在接受身体新变化的过程中遇到了困难，需要付出很大精力来面对身体的肥胖或者其他各种状况。今天铺天盖地的社交媒体又会将很多所谓完美偶像展现在青少年面前，很多人会面临形象的困扰和"想要拥有某种外表"所带来的压力。

　　**第三，社交压力。**

　　到了青少年时期，我们特别希望能被同龄人接纳，社交和交友变得尤其重要。青少年朋友因为处于情感的高度敏感期，或多或少都承受着某种程度的社交压力，如想加入受欢迎的小组，不想错过朋友正在做的事情，想加入微信聊天群，如果没能加入也会感到焦虑……这些都非常的普遍，甚至会与父母产生摩擦，父母对孩子的交友感到忧心忡忡，担心会对自己的孩子产生不好的影响。

同时，青少年还会承受来自其他方面的压力——与朋友产生纷争、遭遇校园霸凌和喜欢异性同学等。当你初尝初恋的滋味、体验浪漫的情感或与朋友产生矛盾时，人际关系的压力会直接影响到每天上学的心情。

**第四，家庭的压力。**

任何影响家庭的事情都会直接影响到青少年。有些青少年面临着来自父母的不切实际的愿望，有些青少年的父母患病或离婚，这些因素都会增加青少年特有的压力。这个时候如果有一个专横的父亲或固执的母亲则会导致压力加倍。

**第五，做选择的压力。**

青少年大都还是未成年人，但是他们往往不得不面临许多成年人的选择，在生活中要怎么做，想成为什么样的人，想去哪所大学，和谁一起出去玩，等等。一些青少年害怕做出这样重大的决定，尤其是那些会影响他们余生的决定，并因此产生了焦虑情绪。

**第六，不会规划或者过度规划。**

许多青少年觉得他们"没有时间"做任何事情。糟糕的时间管理能力是青少年压力的来源之一。大多数青少年很容

易因为社交媒体、游戏、电子设备和朋友而分心。结果就是，他们感到自己没有充足的时间来完成本应做完的事情了。

然而，相反的情况也是存在的。做了过度规划的青少年把日程塞得满满的，以至于自己没有时间去玩耍。规划过度的青少年通常郁郁寡欢，筋疲力尽。他们每周都排满了各种各样的课外补习班，很少有时间能放松下来做自己。

## 压力对身体的影响

当我们感到有压力时，神经系统会指示我们的身体释放出"压力荷尔蒙"——肾上腺素、去甲肾上腺素和皮质醇。这些激素会造成生理上的变化，比如心跳加快、消化放缓等。这些身体反应表明，我们体内存在一种灵敏的反应机制——要么留下来面对即将到来的威胁，要么就逃离它。这正是人们常说的**"压力反应"**或**"战斗或逃跑反应"**，简而言之，它是身体感受到威胁或危险所做出的反应。

人类很早就研究，压力反应能够帮助我们在危险中更好地生存，动物也有相同的反应，例如，如果一只兔子看见一只老鹰，这一反应会让兔子撒腿就跑，而且跑得飞快，因为兔子是没有办法与老鹰拼命一搏的。

这一机制同样帮助人类作为一个物种生存下来。在远古时期，如果一只剑齿虎突然出现，人的身体会迅速进入亢奋激昂的状态，以应对危险的形势。此时，感官会变得更加犀利，警觉度变高，反应更快，且注意力更集中。于是，身体自然地准备好要"逃跑"或"战斗"。

但是如果我们身体长期做出"战斗或逃跑"反应，处于非正常水平，就会出现问题。因为持续激活"压力反应"会扰乱身体的正常运作，弱化免疫系统，提升心率和血压，影响内分泌系统。这会导致我们变得十分脆弱，容易情绪波动、疲劳或不知所措。

我们有些青少年朋友会遭受偏头痛和令人不快的胃肠道

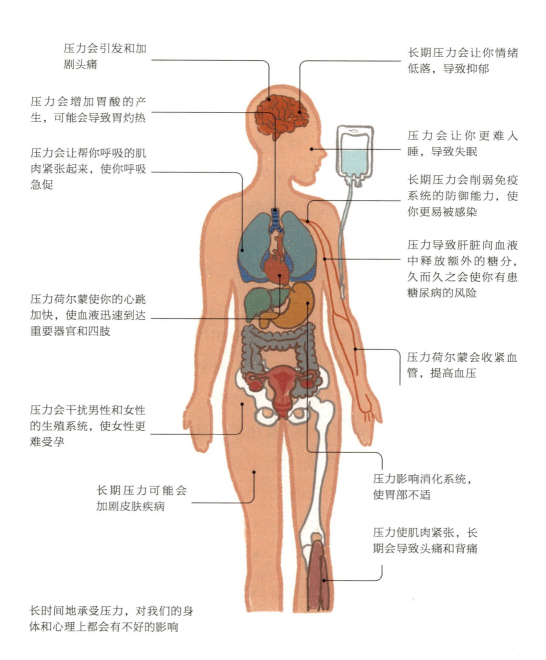

压力会引发和加剧头痛

压力会增加胃酸的产生，可能会导致胃灼热

压力会让帮你呼吸的肌肉紧张起来，使你呼吸急促

压力荷尔蒙使你的心跳加快，使血液迅速到达重要器官和四肢

压力会干扰男性和女性的生殖系统，使女性更难受孕

长期压力可能会加剧皮肤疾病

长期压力会让你情绪低落，导致抑郁

压力会让你更难入睡，导致失眠

长期压力会削弱免疫系统的防御能力，使你更易被感染

压力导致肝脏向血液中释放额外的糖分，久而久之会使你有患糖尿病的风险

压力荷尔蒙会收紧血管，提高血压

压力影响消化系统，使胃部不适

压力使肌肉紧张，长期会导致头痛和背痛

长时间地承受压力，对我们的身体和心理上都会有不好的影响

反应，还有一些人经历着行为和情绪的改变，如哭泣、伤感、情绪化且易怒，对很多事情提不起兴趣，等等。

因此，当感受到一连串压力时，身体会不停地激活"战斗或逃跑"反应，思想、情绪、忧虑、压力和担心会把人打倒，常常使人感到"被掏空"，让人淹没于忧虑和负担之中。

青少年更容易感受到压力的影响。加州大学洛杉矶分校大脑研究所的心理学教授阿德里亚娜·加尔文博士是研究青少年大脑的专家，她发现当青少年面临压力时，大脑中某些进行决策的区域会受到影响，因为青少年的大脑前额皮质还没有完全发育，压力会导致不理智的冒险行为的发生。

加尔文认为，面对尚未成熟的大脑，青少年需要降低自身的压力水平来防止自己做出糟糕的决策。此外，为了避免做出冒险的选择，青少年也应花点时间思考一下做出这个行为的后果，以及这些结果应该如何与他们的长期目标保持一致。

当然，也不是所有的压力都是坏事，如果利用得当，压力也是有益的。普通的压力反应可以帮助我们适应挑战，比如更好地学习新事物，应对日程的变动，提高自己的决策能力、判断能力和应变能力。

## 缓解压力的方法

要缓解压力，需要我们对自己的身体要有一个充分的了解，一旦压力来临，我们自己首先要意识到通过一些方法可以缓解我们的压力，而不是让压力来压垮我们，具体的方法有以下几条：

**腹式呼吸法**

腹式呼吸是首先鼻子缓慢吸气，持续 3—4 秒，感受气流通过鼻腔到下腹部，气沉丹田，最大限度地向外扩张腹部，胸部保持不动。然后，憋住呼吸

3—4 秒，感受气流在腹部运转。最后嘴巴缓慢呼气 3—4 秒，腹部缓缓回落，想象身体的疲惫、紧张等随气流呼出。

腹式呼吸是一种通过深且缓慢的呼吸方式来减轻压力、进行放松的简单训练方法。

### 走到室外，看一看大自然

身处自然环境能缓解压力。在山林或旷野中步行、野餐或者仅仅是感受些许绿意都很有效果。有研究发现，仅仅是看着树木图片都能让人感到压力的缓解。因此，假如你不能回到自然母亲的怀抱，不妨简单地看一看令人放松的自然图片，让你的大脑遨游一番吧！

### 运动、伸展和流汗

活动身体是有助于快速减压的好方法。这些活动既可以是轻缓的舒展运动，如瑜伽、太极或气功，也可以是更加活泼的运动，如足球、网球或跳舞。活动身体是一种有效的减压方式。

普林斯顿大学的一项研究表明，运动能让大脑"重新充电"，从而减少压力引起的焦虑对人们正常生活的影响。请记住，对一些人来说，如果他们感受到竞技的压力的话，运动也会成为一种沉重的压力。相反，为了舒缓压力而进行的运动才会有解压的功效。

### 减少电子设备的使用

你在电子设备上耗费的时间是否多得离谱？中国研究者的一项脑部扫描研究表明，网瘾和过度游戏一样能导致大脑发生变化。这种大脑变化有可能十分严重，与酗酒者和吸毒者的大脑变化相类似。因此，有些人由于过度使用电子设备而变得压力很大。平衡电子设备的使用时间同样是减缓压力的关键。

### 听听音乐

科学证明,听你喜欢的音乐能为你的身体注入满满的多巴胺。人们在听喜欢的音乐时,多巴胺水平能提高 9%。当感到高度压力时,平静、缓慢和轻柔的音乐拥有最积极舒缓压力的效果。

### 多闭会儿眼睛

缺乏睡眠的青少年体内的"压力荷尔蒙"(肾

上腺素和皮质醇）浓度会增加，而这些"压力荷尔蒙"会使人更加难以入睡。这会造成睡眠不足、筋疲力尽的恶性循环。早点放松睡觉、多睡一会儿有时候是一剂神奇的良药，能让身体脱离压力的循环。

**有一个至交好友陪伴在身旁**

美国辛辛那提儿童医疗中心的研究者发现，在压力状态下，一位至交好友的陪伴能大幅减少压力。在对一组年龄为 10—12 岁的青少年进行研究后，研究者发现，在度过艰难或压抑时期的过程中，如果有一位好朋友能在身边陪伴，糟糕的或令人倍感压力的体验能得到缓冲，此时体内的"压力荷尔蒙"含量较低；反之，"压力荷尔蒙"的水平会升高。

**与心态积极、志趣相投的人交往**

大量研究表明，高质量的人际关系和社会支持网络有助于减缓压力。加拿大康考迪亚大学的研究者发现，经受压力时和他人建立良好联系并对他人伸出援手，是一种有效改善心情的方式。

　　尽管人在感觉不佳时会忍不住退缩，但研究表明这么做通常会增加压力、焦虑或沮丧感。与心态积极、能给予帮助的人之间保持开放的沟通渠道，是缓解压力的一个好方法。

# 幸福大通关

1. **想一想**：除了习惯研究专家提供的 12 条具体可行的建议，你还有什么好的办法帮助养成好习惯呢？

2. **做一做**：列一张让你更加幸福的习惯列表。在表中，对已经建立的很好的习惯，给自己点赞，对那些还在慢慢建立过程的习惯，试着将其简化、分解到我们毫不费力就可以完成的程度。

3. **说一说**：你压力最大的时候是什么时候？你觉得压力大的原因是什么？你觉得做什么能让你稍微舒缓压力？

03

CHAPTER THREE

# 超越篇

## 从幸福到更幸福

幸福从来不是一个终点，而是一条大道。人们喜欢问自己，我是否幸福。这个问题暗示着对幸福的两极看法，要么幸福，要么不幸福。在这种理解中，幸福成为一个终点，一旦达到，我们对幸福的追求就结束了。实际上这个终点并不存在，对这一误解的执着只能导致不满和挫败感。

　　所以，这一章节，我们一起来探究如何从幸福到更加幸福。

# 意义和乐趣从哪里来？

意义，是人类和动物的一个重要的区别，人类能感受到意义，而动物却不能。过有意义的人生意味着什么？我们如何确定什么是有意义的，什么是没有意义的呢？

我们的父母也许会经常和我们说，人生的意义可不仅是挣钱，而是完成更长远的目标，或者说我们的人生意义，是帮助更多的人，当然可能还有其他的目标。不过，显而易见，这些有关意义的目标指向的都不是那些肤浅而短暂的东西，而是更加宏大的命题。

## 意义的来源

出生在中国，现任加拿大特伦特大学临床心理学教授的王载宝认为，我们能从 8 个主要方面获取意义和乐趣：成就、接纳、超越、亲密性、人际关系、信仰、公平和积极的情感。

## No.1 成就

追求你重要的目标和梦想。让我们的目标与我们的价值观保持一致，这是创造美好生活的重要途径。

美国科罗拉多州立大学的迈克尔·斯带格博士研究了青少年生活中意义的价值。他发现那些追寻人生意义、拥有使命感的人过得更快乐，同时沮丧感和压力更少。他还发现使命感可以保护他们的心理健康，并防止他们进行危险的行为。

斯带格还发现，对于青少年来说，人生的意义往往关系到他们未来的职业，比如成为一名医生，在管弦乐队演奏或成为海洋生物学家。能够为公共利益做出贡献是人生意义的重要来源。

假如，你想成为一名医生，就需要为了职业目标，完成必不可少的学习。这样能提升自我效益，比起那些没有目标的人，通过这种循序渐进的方式，比如说做作业或是保持卫生可以更轻松地达成目标。

## No.2 接纳

接纳在整个人生中都起到了至关重要的作用。王载宝教授认为接受生活中无可更改的事物，能帮助我们走出逆境，增加勇气与信心。尽管很多事情都是无法改变的，比如过去的事情，但重要的是我们要接受它们。我们能做的就是改变看待过去之事的角度，接受已经发生的事情以及它们所带给我们的无论何种益处，然后继续前进。

### No.3　超越

追求更宏伟壮阔的人生需要人能够从更宽广的角度看待人生。我们国家有一批像钱学森、邓稼先等极具奉献精神的科学家，他们抱着造福国家和人民的信仰，克服了重重的困难和封锁，投身到科研事业中，潜心研究、默默耕耘，在有生之年创造了巨大的价值。这就是追求超越自我价值，投身于比自己更伟大事业的力量。

### No.4&5　亲密性与人际关系

形成并维持深厚、真实的人际关系。人际关系对于我们的幸福、健康和使命感起到了关键性的作用。有关快乐健康生活的最长的一项研究已经有 80 余年，研究者详细追踪并记录了 1939—1944 年间从哈佛大学毕业的 268 名男性毕业生的个人发展、生理和心理健康等情况。这个漫长的研究表明，亲密的人际关系是快乐健康人生的最重要的基础。

### No.6　信仰

据研究者称，个人的信仰能够帮助人们克服生活中的障碍，更好地应对环境带来的困境。研究表明，生活在塞拉利昂、乍得、埃塞俄比亚这样贫穷的国家的人民，对自己生活的满意度却往往不低。

根据调查结果，信仰是最有影响力的因素。在我们的国家，为了让老百姓过上更好的生活，有很多的中国共产党党员长期在艰苦一线工作，这也是共产主义信仰的力量。

### No.7  公平

要度过有意义的一生，平等与公正是重要因素。在这个世界上，培养健全的正义感能让我们成长为有道德的人。

### No.8  积极的情感

积极的情感影响着我们自己和其他人。它带来希望、鼓励和愉悦。那些认为自己的人生缺乏意义的人更加沮丧和神经质，而那些认为自己的人生富有意义的人生活满意度很高，情感积极，身体健康。

这8个方面表明，人生的意义不在于占有一切最好的事

物，而在于成就最好的自己，从自身获取意义：主动帮助你的社区，选择做保护环境或者传授知识的事。这件事是什么不重要，只要这件事能够反映出你内心真实的样子。

科学研究表明，我们天生就趋向于这一更深层次的幸福。无论你是 5 岁还是 105 岁，只要你能服务他人，只要你是一个好的朋友、儿子、女儿和兄弟姐妹，你都会感觉良好。

## 让意义持久

然而，如何在人的一生中始终维持意义呢？王载宝教授在自己的职业生涯中一直在研究这一课题。他建立了四点原则，即 PURE 原则，包括目的、理解、享受、责任等四个方面，来帮助别人理解并维持他们人生中的意义。

### No.1　目的

选择一个有价值的目的或者有意义的人生目标。"一个清晰的目标是简洁而具体的，它有关注的重心，且可以被估量。满腔抱负却空洞模糊的理想听上去不错，但是它们不容易被转换为行动计划。"

### No.2　理解

试着去理解自己和其他人。理解生活对你有怎样的要求，而你又如何在人生中扮演有价值的角色。

### No.3　享受

当我们履行我们的责任，自己做决定，并积极地追寻有价值的人生目标时，我们会感到强烈的价值感和满足感。享受过程对于保持快乐和坚定决心是非常关键的。

### No.4　责任

能对你负责的只有你自己，你必须决定自己要过何种生活，决定一个有意义、值得去做的人生目标。

这些支柱就像重要的路标，王载宝教授告诉大家：正如生理健康取决于适当的营养、日常的锻炼和干净的空气，心理健康则取决于意义、爱以及在社会中的互助参与。

# 家庭，让我们成为更好的自己

你知道帝王蝶吗？据说帝王蝶可能是世界上最大的蝴蝶，它生活在北美洲，它不仅漂亮，更有着谜一样的生活习惯。每年有数百万只帝王蝶在墨西哥中部的森林里度过漫长的冬季。越冬的帝王蝶能够不吃不喝地栖息在树上，安然度过整个冬天，使自己生命的周期长达8个多月。

每到春暖花开的3月，帝王蝶便开始了北上的大规模迁徙，每天向北飞行130千米，去寻找乳汁草产卵；3月末，它们走到了生命的尽头；5月初，新一代的帝王蝶向西迁徙至加拿大，它们在整个夏季要繁衍两代生命，那些8月中旬到9月间出生的帝王蝶将追溯父辈南下墨西哥的旅途，以躲避北美致命的严寒。

在经历了先后四代、长达6万多千米的长途跋涉之后，秋天来临了。新一代的帝王蝶又成群结队地飞回墨西哥，回到它们曾祖栖息过的森林过冬。让人惊讶的是，它们居然能够奇迹般地找到自己的曾祖原先居住的同一棵树。

新一代飞回墨西哥的帝王蝶被称为"超级帝王蝶"，它们体形更大，身体更强壮结实，寿命是后代的8到10倍。

那么，是什么让"超级帝王蝶"拥有如此不可思议的力量的呢？这引起了科学家的好奇。很多科学家经过研究发现，"超级帝王蝶"拥有如此不可思议的力量是因为前几代帝王蝶的努力和付出给予了它们一双"超级翅膀"。

帝王蝶的故事和人类十分相似，每一代人都在不辞辛劳地工作着，为的就是让下一代人的人生路走得轻松一些。你仔细想想，如果没有你的父母、你的祖父母、你的曾祖父母，他们不断努力，赋予你一双"超级翅膀"，让你有机会接受教育，可能你不会读到这本书，和我们一起探寻幸福的意义。

家庭在我们走向更加幸福的路上发挥着巨大的作用。在生活中，我们总是理所应当享受着家庭带给我们的种种，家庭对于我们就像空气，无形但又是必需品。

　　要定义我们所谓的"家庭"，乍看起来似乎非常简单。但从社会学的角度出发，"家人就是拥有血缘关系的群体"这种简单的定义未免过于狭隘。

　　家庭所具有的两个重要功能是"社会网络"功能和"个人需要"功能，前者涉及家庭和社会的关系，后者包括家庭成员的生理需要和情感需要。

　　现代家庭满足我们基本的生理需要，父母通过自己的劳动为子女提供如食物、衣服、住所等必需物品，以及尽可能满足我们对于美味的食物、崭新的衣服以及更大房子的渴望。同时，家庭还是满足我们情感需要和心理需要的最重要渠道。家是我们生活中许多行为和信念的来源。

归属感被认为是人类最基本的需求。对大多数人来说，家庭让他们拥有了归属感。尽管在过去的几十年里，传统家庭的结构和规模都发生了变化，但人们对归属感的需求丝毫未变。在这里，我们的情感需要和心理需要都能得到满足。

在这个理想化的世界，家庭成员之间需要无条件地彼此相爱。换句话说，无论他们做了什么还是没做什么，我们都要相互支持。你跌伤的时候，即使是因为你不听劝阻爬上了危险的地方，妈妈也会为你缠好绷带。你哭泣的时候，爸爸会哄你，即使你是因为做了他不让你做的事情而受伤害。

不管遇到什么风雨，我们理所应当地认为"家"是避风港，是一个安全的地方，是一个我们可以无所顾忌地展现真实的自我而仍旧被爱的地方。实际上，受困于传统家庭模式，我们每个人都会或多或少对家庭有些不同的看法。少有人会说自己的家庭完美无缺，重要的是家庭成员之间因为爱的存在，在不断的冲突和妥协中仍然保持着乐观和希望，在彼此照顾的同时，也在慢慢成为更好的自己。

如何在一代又一代的传承中，让家庭引领我们更好地成长？我们一起来看看。

**1. 讲好家族传承故事。**

不管你的家庭现在如何，了解家族史对你的人生都有重大的意义。2010 年，有四个关于家庭的独立研究，涉及两组人群。其中一组人先默想 5 分钟有关他们的血统根源，而另一组则不做此默想。默想时间过后，他们要解答许多问题以及进行智力测试。

研究结果十分有意思。报告显示，事先默想过家族史的组员对自己的生活有着更强的掌控感，他们的自尊提升，且在所有的智力测试中获得了更高的分数。开展此项研究的彼得·费舍尔博士和他来自格拉茨大学、柏林大学以及慕尼黑大学的同事称此为"祖先效应"。

更有意思的是，当学生被要求回顾祖先的不足之处，甚

至是他们自己并不喜欢的祖先时，"祖先效应"依然发挥着
效用。

费舍尔认为："通常，我们的祖先设法克服了许多个
人和社会问题，如重疾、战争、失去爱人或严重的经济损
失。因此，当我们想起他们的时候，我们就会想到，那些与
我们有着相似基因的人们都能成功克服许多问题，渡过许多
难关。"

美国亚特兰大埃默里大学的杜克博士和菲伍什博士的研
究也表明，了解家族史的学生拥有更多有益的家庭生活、更
强的自我价值感以及更少的抑郁或焦虑迹象。

根据杜克博士的观点，我们了解家族史的一个非常重要
的途径就是分享故事，分享血缘和家族经历给家庭带来的独
一无二的故事——一个充满尝试和成功、艰难和喜悦的时刻
和人生意义的"家族故事"。杜克博士认为："那些越了解自
己家族史的孩子被证明越具有适应能力。"

在今天这样一个忙碌的时代，我们可以利用上学前或放
学后的时间和父母坐一坐，聊一会儿。通过这些聊天，我们
可以更好地了解我们从哪里来，我们的爸爸妈妈是如何度过
他们的青少年时期，这些故事可以帮助我们成长得更快、更
健康，为我们的人生指明方向，也赋予了家庭生活更深的
意义。

### 2. 选择好的婚姻。

家庭始于夫妻，而夫妻的组合方式也在不断发生变化。有很多年轻人选择不再结婚。复旦大学的一项研究表示，中国社会转型期出生的 80 后和 90 后将事业看得比婚姻更重要，00 后和 10 后的结婚意愿更加淡薄。许多社会科学家表示，青少年对于婚姻的态度与父母或祖父母差异很大。

婚嫁从传统意义上来讲，更多的是出于人类繁衍和维护社会的和平与稳定的目的。然而，随着时代的演变，青少年开始质疑自己是否真的想要因为和他们父母一样的原因而结婚。

不过，哈佛大学的一项长期研究显示，和家庭、朋友、社区保持更亲密、更有质量的关系的人往往比独身的人更幸福、更健康。同时，那些结婚人士比起离婚、分居者精神状态也要好。根据两类人群 50 岁时进行的一项记忆力测验，前者的结果比后者要好。

社会心理学教授黄菡在《南华早报》上说：

人们总是想要过上更加幸福的生活。有些人认为幸福的人生来自工作中所取得的成就和更高的收入，实现财务自由。我很怀疑这种观点。我认为，决定你生活质感的最重要的因素是你的人际关系，尤其是那些重要的关系，如父子关系、夫妻关系、朋友关系和同事关系。这些人际关系中的变化以及你对这些变化的感受是非常重要的。

当然，有的青少年会认为婚姻不是实现幸福生活的唯一途径，这并不是一种离经叛道的观点，我们无法直言对错，需要给予更多的接纳和包容。只是在我们讨论如何更加幸福这个话题的时候，婚姻，特别是高质量的美满婚姻会带给人正面和积极的影响。

### 3. 家里的小事也是大事。

家庭无小事。也许很多年后，你们经历过了成功、失败、得意和失意，但在某一个瞬间，你想起来的也许是外婆给你做的一碗阳春面，也许是妈妈在下班时带回来的一束野花。家庭中往往是一些细枝末节的小事给予我们温暖，启发我们的思考，让我们有力量在更加幸福的道路上行进。

## No.1 仪式与日常活动：一起庆祝一起吃喝

根据《家庭心理学杂志》上发表的50年定量研究回顾，家庭仪式与日常活动能够培养强烈的家庭认同感，并有助于家庭繁荣昌盛。

研究显示，持续不断的家庭聚餐与节日活动、生日分享会和新年庆祝活动都对家庭力量和幸福感的提升起着至关重要的作用。因此，请保持和家人一起吃饭、一起庆祝的习惯吧。

## No.2 爱与情感：经常拥抱和握手

家庭结构不是孩子幸福的主要决定因素，如果孩子能得到健康的关注和爱护，他们更有可能茁壮成长。47%的人觉得，相对于较少表达爱意的家庭成员，他们与经常向自己表达爱意的家庭成员更加亲近。

通过情感表达爱意会给孩子带来受益终身的积极影响，包括更高的自尊、更畅通的亲子交流以及较少的心理和行为问题。

### No.3 少点压力，多点能量

家庭与工作研究所的负责人艾伦研究员问孩子："如果让你们许一个关于自己父母的愿望，你们会许什么愿望呢？"大部分的家长都预测他们的孩子会说希望父母多花时间陪陪他们，但很少有孩子说那样的话。相反，孩子最多的愿望就是希望他们的父母不要那么累，不要有那么多的压力。

研究表明，父母的压力会削弱孩子的大脑功能并耗损他们的免疫系统。较少的压力对所有家庭成员都会产生积极的影响。

### No.4 一起玩音乐

2018年5月，亚利桑那大学传播系主任杰克·哈伍德教授和他的研究小组发现，从小和父母一起听音乐长大的孩子与父母的关系更融洽。

这项研究的主要作者桑迪·华莱士说："若是年幼的孩子，父母与他们一起进行音乐活动便相当

常见，比如唱摇篮曲、唱儿歌；但若是青年人，便不那么常见了。而当事情变得不那么常见的时候，你就会发现其产生的效用更大，因为当父母与他们已是青年人的孩子一起玩音乐时，对孩子们来说就

变得超级重要了。"

哈伍德将音乐的力量归于两大主要因素："当人们一起唱歌或听歌的时候，他们往往会做出同步或配合的动作。如果你和你的父母一起唱歌或听歌，你可能会做出同步动作，如一起跳舞或者一起歌唱。数据显示，这会使你们更加喜欢彼此。"

"音乐还能通过同理心拉近家庭成员之间的关系，"华莱士说道，"最近的许多研究都聚焦于如何通过音乐唤起情感，以及如何通过音乐固化你对倾听者的同理心。"

亲爱的读者朋友，强大的家庭会一起分享信念，把生活看得比自身更重要，他们信仰着一种更伟大的力量。就像帝王蝶一样，它们努力追求着更好的未来，思虑之物早已超越自身生命周期，因此凝聚了一种远比分享共同的结构或者共享一个家庭更伟大的遗产。

它们为了一个早已超越自身生命周期的更伟大的目标而活着，因此才诞生了拥有一双"超级翅膀"的帝王蝶。正如帝王蝶，你独特的旅程可能有别于你的父母和祖父母，但在你这一生中尽你所能地飞高、飞远就是大家共同的期望。

# 工作为什么让人幸福

如果我问你："人为什么要工作？"我猜你会不假思索地回答："挣钱啊！"如果我接着问："为什么要挣钱呢？"你可能会觉得我是从外太空来的怪物！这是地球人都知道的事情啊！

生活中处处都要钱，没钱就没吃没喝没穿没地方住了！

那如果我再问你："如果人们已经有了花不完的钱，他们是否还需要工作呢？"你可以去问问身边的大人，如果他们这辈子再也不需要为挣钱而工作了，他们还愿意每天去上班吗？

## 工作是一种本能

事实上，很多大人都把工作当作一件苦差事，他们希望能早点挣到足够多的钱，然后就可以不用去上班了。但他们

也许不知道，如果真的再也不需要工作了，人实际上可能会觉得很不舒服，因为劳作其实是人类的本能。

当然，这里说的劳作不是指仅仅为了获得收入而做的事情，而是指为了达成目标、创造价值而从事的所有体力和脑力活动，无论是否能够获得收入。比如有的艺术家有很多创作，但却没有出售作品；再比如有的人喜欢当不拿报酬的志愿者。

那什么是本能呢？本能也叫先天行为，是指生物体生来就具备的，不需要通过学习、不需要基于过去的经验而趋向于某种特定复杂行为的内在倾向。

这个定义是不是太拗口了？举几个例子你就明白了：小

海龟刚被孵化出来就会自发地游向大海；袋鼠宝宝一出生就会爬进妈妈的育儿袋里；小婴儿肚子饿了，不用教就知道如何吃奶。这些都是生物的本能。

本能是如何形成的呢？根据达尔文的物种进化论，这些行为模式在自然环境中被证明最有可能确保该物种能够生存下来，于是具有这些行为模式的物种就得到繁衍而生生不息，而那些不具备这些行为模式的物种因为得不到足够的繁衍就慢慢消亡了。所以本能是优胜劣汰、自然选择所留存下来的行为模式。

这样就不难理解为什么工作是人类的本能了，因为工作令人得以生存。那么工作是怎样从最原始的生存本能变成现在的样子的呢？

美国学者 J. D. 斯度普斯在他的论文《工作的本能和工作的意愿》中描述了这个演变过程：人类饥饿的本能让人一出生就想获得食物（比如会吮吸、会把东西放到嘴里）；为了获得食物，人们开始打猎；为了让打猎更加高效，人们开始了群体的合作行为；随着人类智力的发展，人们开始发明、制造和使用工具。

另一方面，和饥饿本能紧密相连的是囤积本能，和获取及占有本能相连的是筑巢、建家的本能。

当有了固定的地方能囤积食物时，从获取食物到消耗食

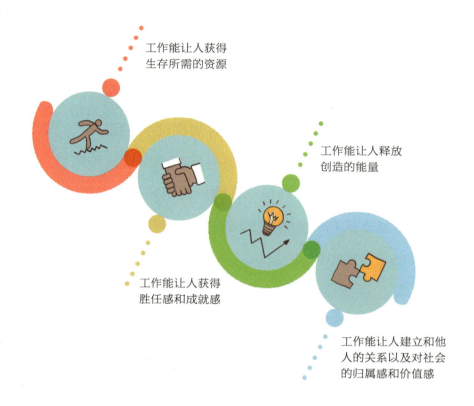

物之间的时间就可以拉长了，于是人们可以种植庄稼、养殖动物，可以用自己的食物去交换别人的食物。就这样，农业和商业就诞生了。渐渐地，社会分工变得越来越复杂，科技的发展也使得工作的形式和内容不断演变，以此来适应社会的需要。

## 工作的意义和价值

所以你看，无论工作如何千变万化，它本质上都是在满足人们本能的生存需要。如果把这些需要掰开来仔细瞧瞧，大概包含四类：

**第一，工作能让人获得生存所需的资源，让人免于饥饿和寒冷，获得安全。**

这是最强大的本能。对于生活在科技发达、物质丰富、相对和平的环境中的人们，只是活下来是很容易的，但人们还是会不断努力工作，去获得更高的收入，从而为自己带来更舒适的生存条件，也给自己能够维持这种生存条件的安全感。

同时，人们也需要为生活中可能发生的意外存一些钱，确保到时候不会陷入无钱应对的困境。当然，对处于比较艰苦的生活条件中的人而言，活着就很不容易，于是求生存就是他们工作的所有动机。

**第二，工作能让人获得胜任感和成就感。**

人类为了在自然界生存下来，需要不断学习、提高自己的求生能力，于是这种对知识技能的把控和胜任成为一个重要的心理需要，它让人觉得："我很厉害！我很能干！"这是自信的重要来源。

一个完全不需要工作的人很难获得这种成就感。从整体上看，这种对胜任和成就的追求，让人类不断提升自己把控环境的能力，从而取得了巨大的成就。

**第三，工作能让人释放创造的能量。**

石壁上的第一幅画作的诞生，第一件石器工具被打磨出来，人类在创造中孕育出灿烂的文明。对于个人来说，从小时候的搭积木、涂鸦，到长大后发明、制造出一个产品，或是谋划出对某个问题的解决方案，人们在工作中创造，在创造中实现突破，在工作和创造中感到愉悦。

不信你留心试试看，当你在特别专注地创造（如写作文、想办法解数学题、画画、下棋、解决一个生活中的难题）时，你都感觉不到时间的存在，非常奇妙！当然，创造的过程不一定容易，甚至很多时候会非常艰苦，我们不仅需要苦思冥想，还会遭遇很多失败。

但创造的原动力推动着人们在工作中不断去拓展新的可能性，实现了从看天吃饭、求神降雨，到上天入地、万物互联的不可思议的发展！

**第四，工作让人建立与他人的关系以及对社会的归属感和价值感。**

协作对生存至关重要，一旦离群，个体生存的概率就会大大降低。所以，关系是人们特别重要的心理需要。当我们长大成人后，除了家庭关系，其他形形色色的社会关系大多是通过工作获得并维持的。

在这些关系中，人们得到认可、支持、联结。再进一步，人们因为工作而感受到自己和社会的联系，从而产生归属感。人们往往是在服务他人、为社会带来积极的改变中实现自己的价值。

说到这儿，你已经看到，工作可以满足这么多本能的心理需要，所以即使不需要为挣钱而工作，我们也会有一种强大的意愿去做些事情，生产创造出有价值的东西。

但是，为什么有那么多人不喜欢工作呢？这恰恰是因为他们的工作没有满足这些心理需要。比如他们的工作不是自己喜欢的，所以感受不到创造的快乐；或者他们即使很努力也无法把工作做得很好，无法获得胜任感和成就感；又或者他们在工作中遇到了很难相处的人，让他们的人际关系很糟糕；再或者他们觉得自己的工作很没意义，对社会没什么积

极的贡献。这时候，他们只是为了赚钱而去工作，这就有些令人难受了。

所以你看，等你长大以后，选择从事一份什么样的工作是一个非常重要的决定，这将对你的生活幸福产生很大的影响。

你现在可以为这个重大决定做些什么准备呢？是不是像有些大人说的，只要成绩好，上了好的大学，以后就一定能找到好工作呢？你读到这儿可能也有点感觉，事情似乎并没有这么简单。就算你成绩好到可以选择任何学校、专业和工作，你会选哪一个呢？哪一种工作能给你带来内心的满足呢？这些都是你将来要认真去面对和选择的问题。

## 做好工作的准备

要想做好这道选择题，现在你就可以从三方面来做准备了，也许读完下文你会感到非常惊讶：这三方面都和学习成绩好坏没有直接的联系。

**第一项准备：学会了解自己。**

你知道自己最喜欢什么吗？你平时最爱看什么内容主题的书和电影？你在出去旅行的时候最容易关注到什么？你最喜欢和朋友谈论什么话题？有什么本领你的同学觉得很难，而你学起来却觉得很轻松容易？有什么事情是你失败了很多次但仍然不想放弃的？你最想成为谁？

有的时候，大人们可能会觉得你的想法天真而不切实际，可是这都没有关系，如果你长大以后能够通过自己的努力实现小时候的梦想，那将是一件超级酷的事情！你会感到非常满足和快乐！很可惜的是，很多大人都不记得自己喜欢什么了。所以，你一定要学会认识自我，不要忘记梦想！

**第二项准备：认识工作是怎么回事。**

你每天看到的可能只是爸爸妈妈早出晚归地上班下班，你有没有想过，他们为什么能够通过工作挣到钱？他们的工作为什么有价值？这也许不是一件很容易能弄明白的事情，我建议你要多问大人一些问题，比如说，"你的上司为什

么需要你做这个工作？""你的公司是靠卖什么赚钱的，你们的产品怎样让顾客获益？""你得到的收入最终到底是谁支付的？""他们怎么知道付多少钱是合适的？"

如果你能用这些问题把家里所有的大人都问个遍，搞清楚大街小巷里从事各种工作的人到底是怎么创造价值的，理解钱是如何通过交换价值而流动的，那你就会明白工作的本质是什么了。工作其实就是通过满足他人的需要而创造价值并交换价值。

这时候，你就可以开始思考：我喜欢通过做什么事情满足别人的什么需要呢？我怎样能让别人为我创造的价值付钱呢？为了回答这些问题，你可以去做一些小尝试，看看是否有人愿意为你的服务支付报酬。

如果把这个搞明白了，你不但可以从已有的工作类型中选择你喜欢的，还很有可能创造出一份最适合你的、独一无二的新工作！

**第三项准备：培养一些工作所必需的能力。**

你可能马上想到，这和学习成绩相关！确实有一点关系，但关系没有那么大。你可以去问问大人，"工作中最重要的能力是什么"，我想他们会给你很多答案。我这里就说几个特别重要的：服务他人的思维、坚守承诺的品质、认真负责的态度、推销自己的能力和自信。

服务他人的思维是指能想到自己怎样为别人解决问题、创造价值。如果你看到朋友出现了麻烦，有没有想过自己可以怎样去帮助他们？如果你习惯于这样思考，你长大以后就很容易看到为他人创造价值的机会。

坚守承诺的品质、认真负责的态度就是指答应了别人的事情一定要努力按承诺认真完成，即使遇到了很大的困难，也要努力克服。这还包括不断学习、不断提升自己的工作能力。有这样的态度，工作就能越做越好。这种态度和习惯完全是可以在学习中培养的。

最后一个需要重点培养的是推销自己的能力和自信。这难道是要你自吹自擂吗？显然不是，而是**指你能清楚地表达自己能为别人创造什么价值**。所以这不是炫耀自己有多厉害，而是让别人知道你能为他们解决什么问题、带来什么益处。这就像你在班级里竞选班委，需要让同学们了解你能为他们做些什么，为什么你是最合适的人选。

这个能力在工作中很重要，因为只有当你能表达清楚自己的能力和优势，你才可能说服别人来选择让你帮他们解决问题，于是你才能获得这份工作！

好啦，你已经知道人为什么需要工作，以及你能为今后获得一份让你满意的工作做些什么准备。工作这件事看上去离你还很远，但是相比学习，人的一生中花在工作上的时间要长得多，而有关工作的选择又有点复杂。

如果你等到考大学之前才开始思考这个问题，那时候你

也许会感到有点不知所措，没有方向，因为了解自己、了解工作和培养能力都是需要花时间去做的事情，需要从实践中去获得知识和经验。

让我们从现在就开始吧！

# 永不停止对梦想的追逐

什么是梦想？简单来说，梦想就是对未来的期望，心中想要实现的目标。

但是有时候我们也会把一些不可能的事情想象成真的，这可能是因为这个世界并不是我们认为的那样，或者是因为我们并不了解我们自身的能力和局限。

打个比方，我们的一些朋友会经常梦想成为舞蹈家，但他们并不知道该怎么做才能成为舞蹈家。如果讨厌付出汗水，或者各种条件不适合跳舞，这个梦想对他们来说就很难实现。

但有些人确实能成长为出色的舞蹈家。他们可能有崇拜的著名舞蹈家，通过研究学习其职业生涯，找到成为一名舞蹈家的正确道路，然后追随着他人的脚步前进。

电影《名扬四海》讲述的就是热爱和热情让学生们乐于为艺术付出汗水，乐于为艺术不断努力，而最终实现了他们的梦想。

## 热情的魅力

让我们来看看热情是如何驱使我们走向梦想的。

假设你热爱动物并梦想能拥有一片农场，你可能首先会去农场工作，去了解农场是如何运作的。

但假设你不是一个爱早起的人，而且无法忍受粪便的臭味，现实也并不像你所想象的那样美好，可能你想成为农场主的梦想就会改变。当然,你可以找到另一条实现梦想的途径。你可以成为一名兽医,或者可以研究如何拯救濒危动物。

对动物的热爱可以驱使一个人朝着与之相关的梦想走出许多条不同的职业道路,热情还会引领着人们实现生活中的目标。

但热情只是驱动力之一。其他驱动力还包括对名誉或财富的渴望,对爱与尊重的需要,以及来自父母或同龄人的压力。

先来看看最基本的生存需求,比如食宿需求,是如何影响我们去追求梦想的。如果说到了吃饭的时间,我们没有足够的食物,梦想可能就无法发挥作用引领我们思考,此时最迫切的是解决饥饿的问题。

假设你是一位动物爱好者,并不需要在金钱上做妥协,对自己也很了解,知道自己不是做科研和学术的料,而且这个时候,父母逼着你就读法学院。因为他们认为律师薪水很高且受人尊重。从事法律行业可能不是你的梦想,但可能会是一个很好的职业选择。

选择法律行业会让父母开心,同时也能满足你的其他需求,让你能挣足够多的钱。这个时候,你可能在周末去动物收容所做志愿者,来实现保护动物、关爱动物的梦想。

你的梦想改变了吗?也许吧。也许你仍然希望有天能在农场上生活，但不需要具体地从事这份职业。也许农场生活将一直成为你理想中的梦想，只不过现实与想象不一样。

拥有一个你自知永远只会是个梦的梦想并没有什么害处。也有可能，你喜欢学习法律且发现父母对你的才能的认识是正确的。也许你对于公平正义一直充满热情，却不知道自己如何实现这种热情。你也许会构筑一个新的梦想，成为一名

律师，或者成为一名法官。于是第一个梦想就可能会消失或者被搁置一旁。

有了足够的热情和努力，新的梦想就会成真。

## 追求还是不追求

有时候我们的梦想和热情会相互竞争。如果一个人一直喜欢法律且想要一片农场，那又会怎么样呢？他没有足够的时间既研究法律又成功经营一片农场。

实现一个梦想的代价将会是牺牲另一个梦想。所以，让我们来看看在梦想与热情之间，我们该如何选择。

首先，写下我们所有的梦想，甚至包括我们无法掌控的梦想，这将会对我们的选择有所帮助。比如，很多人梦想结婚成家，但没法保证一定能找到一个合适的伴侣，这个时候我们就要给自己时间去充分了解我们将要与之共度一生的伴侣。

对于梦想来说，调查研究可以让我们更好地了解每个梦想，确保我们的想法与现实相符。我们每天都会遇见从事不同职业、过着不同生活的人。他们可以成为我们的榜样，甚至可以为我们答疑解惑。这是一种非常有效的学习方法，但是需要注意的是，别人的人生道路可能并不完全适合你，这

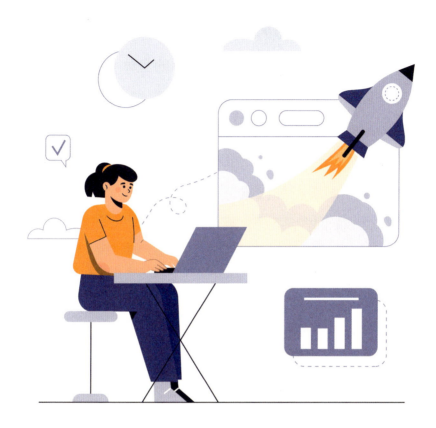

个时候就需要你去做更多的鉴别和判断。

其次，尽早地体验和实践。一些学校到了高中阶段会安排一些实践课程，允许学生先尝试一番。这给了学生一个实践的机会，看看梦想中的工作在真实世界里是如何运行的。

然后，尝试研究你的梦想。互联网是一个很好的研究渠道，我们要学会在父母的帮助下用好互联网。不管你如何开展研究，重要的是你要确保你的梦想切合实际，这样你才会有一个明确、实用的决策基础。

125

最后，也是很重要的，是了解你自己。你的梦想是否能满足你的需求，能迎合你的热情？你的身体素质、心理素质是否能够胜任，从而助你达成目标？例如，要想成为一名出色的舞蹈家，你需要运气、才气、适合跳舞的身体条件以及技巧等。

你无法控制所有的因素，一个成熟的人理解并能适应这一点。也许对你来说，对名誉的渴望就是你的驱动力，但不

是你真正的热情或梦想。成为一个名人与成为一名舞蹈家是有区别的。一旦认真考虑过了所有的选择、你自身的能力以及实现梦想需要付出的代价，你就可以选择切合实际的梦想并制订计划去实现它们。你甚至可以把几个梦想整合在一起。

你要记住，你的梦想和热情随时都可能发生变化，没有任何调查研究可以教会你一切。

## 如何让梦想成真

那么，我们要怎么做才能让我们的梦想成真呢？如果只

需要有梦想以及实现梦想的热情，那这个世界将会有更多梦想成真的人。现实是人们总是空有远大的梦想却鲜少付诸计划和行动。如何更好地将梦想落实到行动上，以下的建议我们可以一起看一看。

### No.1 小目标让你抵达梦想的港湾

有时候迈向梦想的步伐与我们的热情并不吻合。比如一位未来的律师可能讨厌研究案例，但许多律师的职业生涯都是从研究先前的案例并为其他律师记录调查结果开始的。

假定这位律师已经对自己的职业有了足够的研究，会对此有所准备。他或许会设计另一条不同的职业之路，或者选择尽可能长时间地在法学图书馆努力研究。

每一个梦想都需要付出代价，而在法学图书馆进行数年研究可能就是这位未来律师愿意付出的代价。

### No.2 从失败中学习

失败是不可避免的。脚踝扭伤可能会毁掉一个舞者成名的机会，你也可能与十拿九稳的大学失之交臂。幸运的是，你的研究告诉你，在你实现梦想的路上有哪些常见的失败路径，因为你看到其他人已经在这些路上失败了。你可以避开他们的错误，但正如上面所讲，生活中有着许许多多的竞争，我们无法掌控一切。我们也会遭遇形形色色的失败。接下来将会发生什么取决于你会怎么做。

首先，了解你的榜样是如何从失败中走出来的，这将对你有很大的帮助。同样，当你遇到挫折悲伤失意的时候，有人在你身边支持你，对你来说也会是莫大的帮助。

大多数的失败带来的创伤并不会长久不愈，除非这个人已经放弃了，或者没有吸取经验教训。你从失败中所学到的东西与你从调查研究和努力工作中所学到的东西一样多，甚至更多。

从错误中吸取经验教训可以让你更清楚地认识自己的道路和梦想。经验也会像一个人一样，呈现出你的优点和缺点，对你进行塑造，让你在未来的路上坚定地走下去。

这就是为什么你常常会听到人们在讨论如何实现梦想。你从成功与失败中吸取的经验教训会帮助你发展你的价值观、

信仰和人生理念。你计划里每一个小目标的实现，都会引领你走近梦想，完成你的人生目标。失败是这个过程中无法避免的一个组成部分。

### No.3　永不停滞追逐梦想

如果你足够幸运、足够努力而实现了你所有的梦想，你会做什么呢？你是否会停止梦想？是否会寻找一个新的梦想去追逐？

大部分的人会休息一段时间，但停滞并不是一种健康的生活状态。一个满是死水的池塘将会臭气熏天，池塘里的生物也会消失殆尽。每一个实现了的梦想都代表着一个已经到达的目的地，这就像铁路轨道沿途设置的站台一样，而铁路轨道一直在延续着。

你也许会找到一个又一个新的梦想去实现，并开辟出一条又一条新的道路，因为旅程与梦想一样重要。

# 幸福大通关

1. **想一想**：怎样让你的人生成为一件有意义的杰作？

2. **做一做**：和我们的父母坐下来好好谈一谈并做记录，让他们谈一谈他们的幸福和压力，如果可以，这种圆桌座谈可以一个月一次。

3. **说一说**：告诉父母，你长大以后想做什么，为什么你想做这些？你对你想做的工作做了哪些了解和准备？

4. **画一画**：画下你的梦想吧，把它贴在显眼的位置，每天看一看，让梦想照进现实。

# 附录　实现美好生活的 24 种力量

　　我们每个人必须为了自己发现自身的能力。我们必须意识到我们自己的自然力量。没有人能够全部拥有塞利格曼提出的 24 种力量；其中一些我们拥有得更多，另一些就拥有得少。为了达到幸福，我们需要找到我们自己的能力，然后利用这些能力来为我们的人生导航——无论是在学校事务上，和朋友家人的关系上，还是当某一天你决定你想做什么工作之时。

　　就像"X 战警"，团队的每一个超级英雄都有不同的技能。如果你想扑灭火，让冰人去；如果你需要一个硬汉，金刚狼就是不二的选择。让野兽踮脚走过一个坏人或让火人去阻止一场洪水都是毫无用处的。

　　每一位英雄都比其他英雄更适应某些特别状况。同样，我们每一个人在做一些事情时会更开心，而在做其他事情时会没那么开心。

如果我们用上了我们的能力，我们会感觉很好。

如果没有用上，我们会感到精疲力竭且沮丧。

"美好的生活"的秘密就是做让你充满热情和兴趣的事情。用你的自然力量去做你热爱的事情，这就是真正的幸福和快乐。

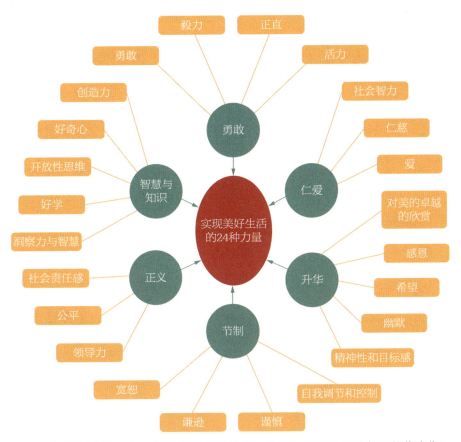

马丁·塞利格曼提出了 24 种独特的性格优势。你认为哪些性格优势最能代表你？（摘自《性格优势与美德：指南与分类》，马丁·塞利格曼著）

# 后　记

　　亲爱的少年朋友，当你翻完这本好玩的小书，对"幸福"有没有更多的了解呢？想不想一辈子都做"幸福"的好朋友，认真地生活，投入地学习呢？你是不是想有很多兴趣爱好，碰到难过的事情有亲密的朋友可以分享？你是不是愿意付出，会不会有很多的感动和收获呢？

　　我相信你一定是想的。人生值得追求的东西很多，但是最值得追求的莫过于幸福和美德，而美德也是幸福的保证，所以归根结底，我们每个人都在追求幸福，也在为幸福的人生而奋斗。

　　不过，人生的道理大多知易行难。我们每个人都知道幸福的重要性，但是从知道到理解，再到实践，乃至最后真正掌握，将其变成一种生活方式和一种人生态度，这个中间有很长的路需要走。最重要的是现在开始，立即、马上，按照书中的建议或者你自己的独到的办法行动起来，做到日进一步，日有所获，这样我们的幸福就不再虚无缥缈，而是实实在在能够把握住的能力。

　　追求幸福的路从来都不会一帆风顺，就像任何人的人生从来不会一帆风顺一样。你们在成功的时候会觉得幸福，这不是一件难事，因为成功的时候，我们周围环绕的是鲜花、赞扬和各种喜欢我们的人；但是如果我们遭遇失败，周围的环境会有一些变化，这种时候我们更要有追求幸福的勇气和能力，不要被暂时的困难吓倒。

记住书中所讲的，幸福的人生并不只和成功、失败相关，还关乎我们的人生态度和追求。

亲爱的少年朋友，希望你一生幸福。

最后，这一首来自美国诗人埃兹拉·庞德的诗送给你：

嗬，风刮起来了，

穿过整个冬天的厅堂，

他呼唤着春天。

现在我要起来，

到自己的森林中去，

观赏他们的萌芽。

**图书在版编目（CIP）数据**

每个人都有幸福的能力 / 小多传媒编著；慧惠，宣彤改写. — 上海：上海教育出版社，2024.4
（"未来少年"书系）
ISBN 978-7-5720-2565-5

Ⅰ.①每… Ⅱ.①小… ②慧… ③宣… Ⅲ.①幸福－青少年读物 Ⅳ.①B82-49

中国国家版本馆CIP数据核字(2024)第061265号

策划编辑　刘美文　王　璇
责任编辑　王　璇　李清奇
封面插画　范林森
装帧设计　TiTi studio
内文插图　部分出自《少年时》及网站freepik (http://www.freepik.com)，部分由AK绘制


**每个人都有幸福的能力**
MEI GE REN DOU YOU XINGFU DE NENGLI
小多传媒　编著
慧　惠　宣　彤　改写

出版发行　上海教育出版社有限公司
官　　网　www.seph.com.cn
地　　址　上海市闵行区号景路159弄C座
邮　　编　201101
印　　刷　苏州工业园区美柯乐制版印务有限责任公司
开　　本　700×1000　1/16　印张 9.5
字　　数　83 千字
版　　次　2024年5月第1版
印　　次　2024年12月第2次印刷
书　　号　ISBN 978-7-5720-2565-5/G·2259
定　　价　45.00 元

如发现质量问题，读者可向本社调换　　电话：021-64373213